de Gruyter Lehrbuch

Nöbeling · Integralsätze der Analysis

Georg Nöbeling

# Integralsätze der Analysis

Walter de Gruyter · Berlin · New York 1979

*Dr. phil. Georg Nöbeling* em. o. Professor an der Universität Erlangen-Nürnberg und ord. Mitglied der Bayerischen Akademie der Wissenschaften.

*CIP-Kurztitelaufnahme der Deutschen Bibliothek*

**Nöbeling, Georg:**
Integralsätze der Analysis/Georg Nöbeling. –
Berlin, New York: de Gruyter, 1978.
(De-Gruyter-Lehrbuch)
ISBN 3-11-007433-9

 – Druck: Karl Gerike, Berlin; Bindearbeiten: Dieter Mikolai, Berlin. – Printed in Germany.

# Vorwort

An unseren Hochschulen werden in den üblichen Grundvorlesungen über die Differential- und Integralrechnung der reellen Funktionen von n reellen Variablen die für Mathematik und Theoretische Physik gleichermaßen wichtigen Integralsätze der Analysis sehr oft nur kursorisch oder überhaupt nicht behandelt. Hier ist eine Ergänzung dringend erforderlich. Das vorliegende Buch gibt dazu die notwendigen Hilfen.

Bei den Integralsätzen der Analysis handelt es sich in gewissem Sinne um Verallgemeinerungen des Hauptsatzes der Differential- und Integralrechnung

$$(+) \qquad \int_a^b f\,dx = F(b) - F(a),$$

wobei F eine stetig differenzierbare Funktion auf einem Intervall $[a,b]$ und f ihre Ableitung ist; er drückt das Integral von f über $[a,b]$ aus durch die Werte von F in den Randpunkten. Ähnlich drücken die Integralsätze von Stokes (1819-1903) und Gauß (1777-1855) gewisse Integrale über eine Fläche bzw. ein Gebiet des $E^3$ aus durch Integrale über die Randkurve der Fläche bzw. die Randfläche des Gebietes.

Es besteht also zumindest eine formale Analogie zwischen diesen drei klassischen Sätzen. Daß mehr als eine bloße Analogie vorliegt, zeigte É.Cartan (1869-1951) mittels des eleganten Kalküls der alternierenden Differentialformen. Versteht man nämlich die in den drei Sätzen auftretenden Integrale als Integrale von alternierenden Differentialformen - entsprechend der bewährten Leibnizschen Bezeichnung

$\int f\,dx$ (= Integral des "Differentials" f dx) -, so ergeben sich die drei Sätze als Spezialfälle der Cartanschen Verallgemeinerung des Satzes von Stokes, bekannt als allgemeiner Stokesscher Satz:

$$(++) \qquad \int_M d\omega = \int_{\partial M} \omega .$$

In diesem Satz fügen sich in faszinierend einfacher Weise drei völlig verschiedene Grundbegriffe zusammen, der erste aus der Vorstellungswelt der Geometrie, die beiden anderen aus dem Bereich der Analysis:

Erstens die orientierbare, n-dimensionale Mannigfaltigkeit $M$ im $E^m$ und ihr Rand $\partial M$; zweitens die alternierende Differentialform $\omega$ (n-1)-ten Grades und ihr Differential $d\omega$; drittens das Riemannsche Integral über $M$ und $\partial M$.

Wir stellen uns die Aufgabe, zunächst diese Begriffe zu entwickeln, soweit das erforderlich ist, sodann den allgemeinen Stokesschen Satz zu beweisen, und schließlich die genannten drei klassischen Sätze als Spezialfälle daraus abzuleiten.

An Vorkenntnissen werden beim Leser neben dem Stoff der eingangs genannten Vorlesungen nur einige Grundtatsachen der Linearen Algebra vorausgesetzt. Es wird jedoch erhofft, daß er einfache Beweisüberlegungen selbständig ausführt.

Die Anmerkungen am Schluß des Buches enthalten Erläuterungen und Lesehilfen. Diesem Zweck dient auch eine Zusammenstellung der verwendeten Bezeichnungen und Begriffe und das Symbolverzeichnis.

Das Zeichen $\lrcorner$ zeigt das Ende eines Beweises an.

Frau H.Dohrmann und Herrn Dr. H.Schirmeier sage ich meinen herzlichen Dank für die sorgfältige und mühevolle Anfertigung der Druckvorlage.

Erlangen, im Sommer 1978 Georg Nöbeling

# Inhalt


I. Mannigfaltigkeiten im $E^m$

§ 1. Definition einer Mannigfaltigkeit durch Karten .......... 9
§ 2. Darstellung einer Mannigfaltigkeit durch Graphen ........ 14
§ 3. Rand einer Mannigfaltigkeit ............................ 17
§ 4. Kartenwechsel .......................................... 23
§ 5. Gramsche Determinante einer Karte ...................... 26
§ 6. Tangentialräume einer Mannigfaltigkeit ................. 28
§ 7. Orientierbare Mannigfaltigkeiten ....................... 31
§ 8. Stellungscosinus einer orientierten Mannigfaltigkeit .... 35
§ 9. Orientierung des Randes ................................ 38
§ 1o. Abbildungen von Mannigfaltigkeiten .................... 41

II. Alternierende Differentialformen

§ 11. Vorbereitungen ........................................ 45
§ 12. p-Formen auf einem Gebiet ............................. 5o
§ 13. p-Formen auf einer Mannigfaltigkeit ................... 61
§ 14. Zurückholen einer p-Form .............................. 69

III. Riemannsche Integration auf einer Mannigfaltigkeit

§ 15. Integral einer stetigen Funktion ...................... 75
§ 16. Integral einer stetigen n-Form ........................ 8o

IV. Die Integralsätze der Analysis

§ 17. Der Stokessche Integralsatz ........................... 83
§ 18. Die klassischen Integralsätze ......................... 86
§ 19. Anwendungen ........................................... 88

Anhang

§ 20. Lebesguesche Integration auf einer Mannigfaltigkeit .... 91

§ 21. Die Maße von Hausdorff und Minkowski .................. 96

§ 22. Korollar zum Stokesschen Satz ......................... 99

§ 23. Nichtorientierbare Mannigfaltigkeiten ................. 1o1

§ 24. Zerlegung der Eins .................................... 1o4

Anmerkungen ................................................. 1o7

Sachverzeichnis ............................................. 114

Symbolverzeichnis ........................................... 116

Literatur ................................................... 117

# I. Mannigfaltigkeiten im $E^m$

Es liege ein m-dimensionaler, euklidischer Raum $E^m$ mit einem festen System cartesischer Koordinaten $x_1,\dots,x_m$ vor [1)]. In diesem Hauptraum werden sich alle unsere Überlegungen abspielen. Daneben verwenden wir Hilfsräume, nämlich für jedes $n \leq m$ den kanonischen n-dimensionalen, euklidischen Raum $\mathbb{R}^n = \mathbb{R}\times\dots\times\mathbb{R}$ aller geordneten n-Tupel $t = (t_1,\dots,t_n)$ reeller Zahlen. Diese Hilfsräume nennen wir Parameterräume.

## § 1. Definition einer Mannigfaltigkeit durch Karten

Entsprechend unserem Ziel, den allgemeinen Stokesschen Satz zu formulieren und zu beweisen, müssen wir die Definition einer n-dimensionalen Mannigfaltigkeit M im $E^m$ so einrichten, daß wir auf ihr eine Differential- und eine Integralrechnung entwickeln können. Insbesondere müssen wir das Differential df einer Funktion f definieren, die nur auf M, nicht aber auf einer Umgebung von M definiert ist. Dies ist möglich, wenn in M Parameter vorliegen; denn dann sind wenigstens die Ableitungen nach diesen Parametern definiert. Nun ist das partielle Ableiten ein lokaler Prozeß. Es braucht also nicht für ganz M eine einzige Parameterdarstellung vorhanden zu sein. Vielmehr wird es genügen, daß M überdeckt ist durch lokale Parameterdarstellungen, d.h. daß M die Vereinigung von in M offenen Teilmengen W von M ist derart, daß für jedes W eine Parameterdarstellung gegeben ist. Diese Überlegungen führen zu der folgenden Definition einer Mannigfaltigkeit.

**1.1** Wir beginnen mit zwei Hilfsbegriffen. Ist $\tau$ eine $C^1$-Abbildung [2)] einer nichtleeren, offenen Menge $T$ des $\mathbb{R}^n$ in den $E^m$, so nennt man die $(n \times m)$-Matrix

$$\begin{matrix} D_1\tau_1,\dots,D_1\tau_m \\ \dots\dots\dots\dots \\ D_n\tau_1,\dots,D_n\tau_m \end{matrix}$$

der partiellen Ableitungen $D_i\tau_\mu$ der Komponenten $\tau_\mu$ von $\tau$ nach den $t_i$ die Funktional- oder Jacobische Matrix der Abbildung $\tau$. Hat sie in jedem Punkt $t = (t_1,\dots,t_n)$ von $T$ den Maximalrang $n$, so heißt die Abbildung $\tau$ *regulär*. Dies ist genau dann der Fall, wenn in jedem Punkt $t$ von $T$ für mindestens eine der $n$-reihigen, quadratischen Untermatrizen $(D_i\tau_{\mu_k}(t))_{i,k=1,\dots,n}$ der Jacobischen Matrix die Determinante $\neq 0$ ist, wenn, mit anderen Worten,

$$J(t) := \sqrt{\sum_{1\le\mu_1<\dots<\mu_n\le m} \det{}^2(D_i\tau_{\mu_k}(t))}$$

für alle $t \in T$ positiv ist [3)]. Die Funktion $J\colon T \to \mathbb{R}$ heiße die *Jacobische Funktion* der Abbildung $\tau$. Im Fall $n = 1$ ist (mit $t \in \mathbb{R}$)

$$J(t) = \sqrt{(D\tau_1(t))^2 +\dots+ (D\tau_m(t))^2}.$$

Nach dieser Vorbereitung können wir den Begriff einer $n$-Mannigfaltigkeit $M$ im $E^m$ $(1 \le n \le m)$ einführen. Darunter verstehen wir, anschaulich gesprochen, eine nichtleere Menge im $E^m$, die erstens *lokal von euklidischer Struktur* und die zweitens *glatt* ist.

Erstens verlangen wir also, genauer gesagt, daß jeder Punkt $x$ von $M$ enthalten ist in einer Teilmenge $W$ von $M$, die in $M$ offen und das homöomorphe Bild einer offenen Menge $T$ des Parameterraumes $\mathbb{R}^n$ ist, daß m.a.W. zu jedem Punkt x von M eine Abbildung $\tau$: T → M derart existiert, daß x in der Menge W := $\tau$(T) liegt und folgendes gilt:

(1) $T \subset \mathbb{R}^n$; T ist offen im $\mathbb{R}^n$;

(2) W ist offen in M;

(3) $\tau$ ist ein Homöomorphismus von T auf W. [4)]

Zweitens verlangen wir, daß dieses $\tau$ als reguläre $C^2$-Abbildung gewählt werden kann, daß m.a.W. gilt:

(4) $\tau$ ist eine $C^2$-Abbildung mit $J(t) > o$ für alle t.

Zusammenfassend erhalten wir für jedes ganze n mit $1 \leq n \leq m$ die folgende

DEFINITION. Eine nichtleere Punktmenge $M \subset E^m$ heiße eine n-dimensionale, reguläre $C^2$-Mannigfaltigkeit oder kurz eine n-*Mannigfaltigkeit*, wenn zu jedem Punkt x von M eine Abbildung $\tau$: T → M mit den Eigenschaften (1)-(4) derart existiert, daß $x \in \tau(T)$ ist.

Jede Abbildung $\tau$: T → M mit den Eigenschaften (1)-(4) heiße eine (lokale) *Karte* der n-Mannigfaltigkeit M und dann T ein (lokales) Kartenblatt von M. Wenn nicht nur $\tau(T) \subset M$ gilt, sondern $\tau(T) = M$ ist, heiße die Karte global. Gilt $x \in \tau(T)$, so sagen wir, die Karte überdecke den Punkt x. Schließlich heiße eine Familie von Karten $\tau^j$: $T^j \to M$ von M ein *Atlas* von M, wenn sie ganz M überdeckt, wenn also gilt: $\bigcup \tau^j(T^j) = M$. [5)]

Eine Karte $\tau$ von M wird auch eine *lokale Parameterdarstellung* oder ein *lokales Koordinatensystem* von M genannt. Letzteres ist folgendermaßen zu verstehen: ist $t = (t_1,\dots,t_n)$ und $\tau(t) = x$, so betrachtet man $t_1,\dots,t_n$ als die $\tau$-Koordinaten von x.

Wir nennen (im Einklang mit der Differentialgeometrie) eine 1-Mannigfaltigkeit im $E^m$ eine *Kurve*, eine 2-Mannigfaltigkeit im $E^m$ eine

*Fläche*, eine n-Mannigfaltigkeit im $E^{n+1}$ eine *Hyperfläche*. - Eine kompakte n-Mannigfaltigkeit werde *geschlossen* genannt.

ZUSATZDEFINITION. Jede nichtleere, isolierte Punktmenge des $E^m$ heiße eine *o-Mannigfaltigkeit* [6].

**1.2** · Die n-Mannigfaltigkeiten im $E^n$ (also n = m) lassen sich sämtlich angeben. Es gilt nämlich folgender

SATZ. *Eine Menge* M *des* $E^n$ *ist dann und nur dann eine* n-*Mannigfaltigkeit, wenn sie eine nichtleere, offene Menge des* $E^n$ *ist.*

BEWEIS. "Dann". Sei $\iota: \mathbb{R}^n \to E^n$ die Abbildung, die jedem Punkt $t = (t_1,\ldots,t_n)$ des $\mathbb{R}^n$ den Punkt x des $E^n$ mit den Koordinaten $x_1 = t_1, \ldots, x_n = t_n$ zuordnet. Ist dann G eine nichtleere, offene Menge des $E^n$, so ist die Menge $T := \iota^{-1}(G)$ offen im $\mathbb{R}^n$ und die Restriktion von $\iota$ auf T eine globale Karte von G. Wir nennen sie die triviale Karte von G. - "Nur dann". Sei M eine n-Mannigfaltigkeit im $E^n$. Sei weiter x ein Punkt von M. Eine x überdeckende Karte $\tau: T \to M$ von M ist nach 1.1,(1),(3) und (4) ein $C^2$-Homöomorphismus der offenen Menge T des $\mathbb{R}^n$ auf die Menge $\tau(T) \subset E^n$ mit der Eigenschaft $\det D\tau \neq 0$. Nach dem Satz von der Umkehrung eines Funktionensystems ist daher $\tau(T)$ offen im $E^n$. Also ist $\tau(T)$ eine im $E^n$ offene Umgebung $\subset$ M des beliebigen Punktes x von M. Folglich ist M eine offene Menge G des $E^n$. ┘

Für $1 \leq n < m$ ist hingegen der Vorrat an n-Mannigfaltigkeiten im $E^m$ außerordentlich groß und vielgestaltig. Wir beschränken uns darauf, einige wenige Beispiele anzugeben. Zusätzlich verweisen wir auf die daran anschließende Aufgabe 1.

*Beispiele.*

1. Ein n-dimensionaler, *linearer Unterraum* L des $E^m$ ist eine n-Mannigfaltigkeit. Seien nämlich n+1 Punkte $x^i = (x_1^i,\ldots,x_m^i)$, $i=o,1,\ldots,n$, in L so gewählt, daß die Matrix mit den n+1 Zeilen $1,x_1^i,\ldots,x_m^i$ den Maximalrang n+1 hat. Setzen wir dann $x_\mu^i - x_\mu^o =: a_{i\mu}$ für jedes $\mu = 1,\ldots,m$ und wählen einen beliebigen Punkt $t^o = (t_1^o,\ldots,t_n^o)$ im $\mathbb{R}^n$, so ist das System der m Gleichungen

$$x_\mu - x_\mu^o = \sum_{i=1}^{n} a_{i\mu}\cdot(t_i - t_i^o) \qquad (t \in \mathbb{R}^n)$$

eine Parameterdarstellung von L. Sie ist eine globale Karte $\tau\colon \mathbb{R}^n \to L$ von L.

2. Der *Kreis* $S^1 := \{x \in E^2\colon x_1^2+x_2^2 = 1\}$ hat die Parameterdarstellung $x_1 = \cos t$, $x_2 = \sin t$ $(t \in \mathbb{R})$. Die Restriktionen dieser Abbildung $\mathbb{R} \to S^1$ auf die offenen Intervalle $T \subset \mathbb{R}$ der Länge $\pi$ bilden einen Atlas der (geschlossenen) Kurve $S^1$.

3. Die *Sphäre* $S^2 =: \{x \in E^3\colon x_1^2+x_2^2+x_3^2 = 1\}$ hat die Parameterdarstellung

$$x_1 = \cos t_1 \cos t_2,\ x_2 = \sin t_1 \cos t_2,\ x_3 = \sin t_2$$

$(t = (t_1,t_2) \in \mathbb{R}^2)$. Die Restriktion dieser Abbildung $\mathbb{R}^2 \to S^2$ auf das offene Quadrat T aller t mit $-\pi/2 < t_k < \pi/2$ $(k=1,2)$ ist eine Karte $\tau$ der $S^2$; $\tau(T)$ ist die Halbsphäre $\{x \in S^2\colon x_1 > o\}$. Für jede Drehung $\rho$ des $E^3$ um den Koordinatenursprung ist $\rho \circ \tau$ ebenfalls eine Karte der $S^2$. Diese Karten bilden einen Atlas der (geschlossenen) Fläche $S^2$.

4. Der *Ring* $\{x \in E^3\colon (\sqrt{x_1^2+x_2^2} - 2)^2 + x_3^2 = 1\}$, entstehend durch Rotation des Kreises $\{x \in E^3\colon (x_1-2)^2 + x_3^2 = 1,\ x_2 = o\}$ der $x_1x_3$-

Ebene um die $x_3$-Achse, hat die Parameterdarstellung

$$x_1 = (\cos t_1)(2 + \cos t_2),\ x_2 = (\sin t_1)(2 + \cos t_2),\ x_3 = \sin t_2.$$

Die Restriktionen dieser Darstellung auf die achsenparallelen, offenen Quadrate T der Parameterebene $\mathbb{R}^2$ mit der Kantenlänge $\pi$ bilden einen Atlas des (geschlossenen) Ringes.

*Aufgaben.*

1. Es seien G eine offene Punktmenge des $E^m$ und $F_k : G \to \mathbb{R}$ $(k = 1,\ldots,m-n)$ $C^2$-Funktionen mit folgender Regularitätseigenschaft: die Jacobische Matrix $(D_i F_k)$ hat in jedem Punkt von G den Maximalrang m-n. Dann ist die Menge der gemeinsamen Lösungen $x \in G$ der Gleichungen $F_k(x) = o$ leer oder eine n-Mannigfaltigkeit im $E^m$ mit $\overline{M} \setminus M \subset \overline{G} \setminus G$.

2. Sei M eine zusammenhängende Kurve [7] im $E^m$. Ist M nicht geschlossen, so existiert eine globale Karte $\tau$: $T \to M$ derart, daß erstens T ein offenes Intervall $\subset \mathbb{R}$ oder eine offene Halbgerade $\subset \mathbb{R}$ oder die ganze Zahlengerade $\mathbb{R}$ ist und zweitens $\tau$ eine längentreue Abbildung von T auf M ist. Wenn jedoch M geschlossen ist, so existiert eine längentreue Abbildung eines Kreises $S \subset \mathbb{R}^2$ auf M.

3. Keine geschlossene n-Mannigfaltigkeit im $E^m$ besitzt eine globale Karte.

# § 2. Darstellung einer Mannigfaltigkeit durch Graphen

Die Bedingungen (1)-(3) in 1.1 legen die innere Struktur einer Mannigfaltigkeit M fest, die darin besteht, daß jeder Punkt x von M in einer in M offenen Menge $W \subset M$ liegt, die homöomorph ist zu einer offenen Menge des $\mathbb{R}^n$. Demgegenüber bestimmt die Bedingung (4) in 1.1

die äußere Struktur von M, d.h. die Art der Einbettung von M in den Raum $E^m$. Hierüber beweisen wir den Satz in 2.2.

**2.1** Zur Vorbereitung stellen wir folgendes fest. Sei E' ein n-dimensionaler Faktorraum des $E^m$ mit $1 \le n < m$, aufgespannt durch n Koordinatenachsen des $E^m$, und E" der komplementäre Faktorraum, aufgespannt durch die m-n übrigen Achsen. Weiter sei V eine nichtleere, offene Menge des E' und f eine $C^2$-Abbildung von V in den E". Der Graph W von f ist die Menge aller Punkte x des $E^m$ mit folgender Eigenschaft: die Projektion x' von x in E' ist ein Punkt von V und die Projektion x" von x in E" ist das Bild f(x') von x'. Dieser Graph W ist eine n-Mannigfaltigkeit im $E^m$, und zwar ist, wenn $\tau$ die triviale Karte von V bedeutet und g die Abbildung $x' \mapsto (x', f(x'))$ von V in $E^m = E' \times E''$ ist, $g \circ \tau$ eine globale Karte von W.

**2.2** Nun sei M eine n-Mannigfaltigkeit im $E^m$ mit $1 \le n < m$.

SATZ. *Zu jedem Punkt* $x^o$ *von* M *existieren ein* n*-dimensionaler Faktorraum* E' *(aufgespannt durch* n *Koordinatenachsen des* $E^m$*), eine offene Menge* V *des* E' *und eine* $C^2$*-Abbildung* $f: V \to E''$ *von* V *in den Komplementärraum* E" *von* E' *(aufgespannt durch die* m-n *übrigen Achsen) derart, daß für den Graphen* W *von* f *gilt:* $x^o \in W \subset M$; W *ist offen in* M.

BEWEIS. Wir wählen eine $x^o$ überdeckende Karte $\tau: T \to M$; sei $x^o = \tau(t^o)$ mit $t^o \in T$. Wegen 1.1,(1) können wir o.B.d.A. annehmen, daß $\det(D_i\tau_k(t^o)) \neq 0$ ist $(i,k=1,\dots,n)$. Nun sei E' der Faktorraum des $E^m$, der aufgespannt wird durch die n ersten Achsen des $E^m$. Dann definiert $t \mapsto (\tau_1(t),\dots,\tau_n(t))$ eine $C^2$-Abbildung $\rho^*: T \to E'$. Aus dem Satz von der Umkehrung eines Funktionensystems folgt die Existenz einer offenen Umgebung $U \subset T$ von $t^o$ und einer offenen Umgebung $V \subset E'$ von $(\tau_1(t^o),\dots,\tau_n(t^o)) = \rho^*(t^o)$ derart, daß die Restriktion $\rho$ von

$\rho^*$ auf U ein $C^2$-Diffeomorphismus von U auf V ist [8]. Für die $C^2$-Abbildung $h := \tau \circ \rho^{-1}: V \to E^m$ ist dann $h \circ \rho$ die Restriktion von $\tau$ auf U; die Menge $W := (h \circ \rho)(U) = h(V)$ ist gleich $\tau(U)$, also offen in M mit $x^o \in W$ und die Punkte von W sind die Punkte

$$(x_1,\dots,x_n,h_{n+1}(x_1,\dots,x_n),\dots,h_m(x_1,\dots,x_n))$$

mit $(x_1,\dots,x_n) \in V$. Schließlich bezeichnen wir mit f die $C^2$-Abbildung von V in den Komplementärraum E" von E', deren Komponenten definiert sind durch $f_{n+1} := h_{n+1},\dots, f_m := h_m$. ⌟

KOROLLAR 1. *Zu jedem Punkt* $x^o$ *von* M *existiert ein* $C^2$*-Diffeomorphismus* $\varphi$ *einer offenen Menge* G *des* $E^m$ *auf eine offene Menge des* $E^m$, *der die Menge aller Punkte von* G *mit* $x_{n+1} = \dots = x_m = o$ *auf eine in* M *offene Menge* W *mit* $x^o \in W$ *abbildet.*

BEWEIS. V und f seien wie im vorstehenden Beweis definiert. Nun sei G die Menge aller Punkte $(x_1,\dots,x_m)$ des $E^m$ mit $(x_1,\dots,x_n) \in V$ und $\varphi$ die Abbildung von G in den $E^m$, definiert durch

$$(x_1,\dots,x_m) \mapsto$$
$$(x_1,\dots,x_n, x_{n+1}+f_{n+1}(x_1,\dots,x_n),\dots, x_m+f_m(x_1,\dots,x_n)).$$ ⌟

KOROLLAR 2. M *ist eine Nullmenge.*

D.h.: Zu jedem $\varepsilon > o$ existiert eine Überdeckung von M durch abzählbar viele (achsenparallele) offene Quader des $E^m$, für welche die Summe der Volumina $< \varepsilon$ ist.

BEWEIS. Zu jedem Punkt $x^o$ von M wählen wir eine $C^2$-Abbildung f der im vorstehenden Satz beschriebenen Art. Sodann wählen wir einen achsenparallelen, offenen Würfel $Q'$ des $E'$ mit einer Kantenlänge < 1 derart, daß $\overline{Q'} \subset V$ und $x^o \in f(Q')$ ist. Da $f(Q')$ in M offen (also der Durchschnitt von M mit einer offenen Menge G des $E^m$) ist, genügen nach dem Lindelöfschen Überdeckungssatz [9] abzählbar viele dieser Mengen $f(Q')$ zur Überdeckung von M. Daher genügt es zu zeigen, daß jede solche Menge $f(Q')$ eine Nullmenge ist. Betrachten wir also eine derartige Menge $f(Q')$. Es sei ein $\varepsilon$ mit $o < \varepsilon < 1$ gegeben. Da f auf $\overline{Q'}$ gleichmäßig stetig ist, können wir $Q'$ durch endlich viele achsenparallele, offene Teilwürfel $Q'_1,\ldots,Q'_k$ von $Q'$ so überdecken, daß für je zwei Punkte $y'$ und $z'$ von $Q'$, die im selben $Q'_i$ liegen, die Punkte $f(y')$ und $f(z')$ einen Abstand $< \varepsilon/2$ haben. Für $i=1,\ldots,k$ sei $y'_i$ der Mittelpunkt von $Q'_i$, sodann $y''_i$ die Projektion von $f(y'_i)$ in $E''$ und schließlich $Q''_i$ der achsenparallele, offene Würfel des $E''$ mit der Kantenlänge $\varepsilon$ und dem Mittelpunkt $y''_i$. Dann überdecken die k achsenparallelen, offenen Quader $Q'_i \times Q''_i$ des $E^m$ die Menge $f(Q')$ und ihr Gesamtvolumen ist $< \varepsilon$. ┘

*Aufgaben.*

1. Ist M eine n-Mannigfaltigkeit im $E^m$ mit $1 \leq n < m$ und $x^o$ ein Punkt von M, so existieren m-n Hyperflächen im $E^m$, deren Durchschnitt W offen ist in M und $x^o$ enthält.

2. Eine nichtleere Teilmenge $M'$ einer n-Mannigfaltigkeit M im $E^m$ ist ebenfalls eine n-Mannigfaltigkeit genau dann, wenn $M'$ in M offen ist.

## § 3. Rand einer Mannigfaltigkeit

Es liege eine n-Mannigfaltigkeit M im $E^m$ vor ($1 \leq n \leq m$). Unser nächstes Ziel ist es, den Begriff des Randes $\partial M$ von M einzuführen und zu untersuchen.

**3.1** Zur Vorbereitung legen wir zunächst einige Bezeichnungen fest. Wir bezeichnen mit $H^n$ den abgeschlossenen, oberen Halbraum des $\mathbb{R}^n$, bestehend aus allen Punkten $t = (t_1,\ldots,t_n)$ des $\mathbb{R}^n$ mit $t_n \geq o$. Für jede Menge $A \subset H^n$ sei $A_+$ bzw. $A_o$ die Menge aller $t \in A$ mit $t_n > o$ bzw. $t_n = o$. Für jede Abbildung f mit einem Definitionsbereich $A \subset H^n$ sei schließlich, wenn nichts anderes gesagt ist, $f_+$ bzw. $f_o$ die Restriktion von f auf $A_+$ bzw. $A_o$.[10)]

Ist $A \subset H^n$, A offen in $H^n$, so ist wohldefiniert, wann eine Funktion $f: A \to \mathbb{R}$ differenzierbar, stetig differenzierbar,... heißt (in den Punkten t von $A_o$, falls $A_o$ nichtleer ist, sind die Ableitungen nach $t_n$ nur einseitig). Daher ist auch wohldefiniert, wann eine Abbildung $\tau: T \to E^m$ mit $T \subset H^n$, T offen in $H^n$, eine $C^2$-Abbildung heißt und was ihre Jacobische Funktion J ist.

Speziell ist $H^1$ die Halbgerade $\{t \in \mathbb{R}: t \geq o\}$; für $A \subset H^1$ ist weiter $A_+$ bzw. $A_o$ die Menge $\{t \in A: t > o\}$ bzw. $\{t \in A: t = o\}$.

**3.2** Die Hyperebene $\mathbb{R}^n_o = \{t \in \mathbb{R}^n: t_n = o\}$ des $\mathbb{R}^n$ ist der Rand des offenen, oberen Halbraumes $\mathbb{R}^n_+ = \{t \in \mathbb{R}^n: t_n > o\}$ des $\mathbb{R}^n$. Wir verallgemeinern diese natürliche Definition in der folgenden Weise.

DEFINITION. Ein Punkt x des Abschlusses $\overline{M}$ von M heiße ein *Randpunkt* von M, wenn eine Abbildung $\tau: T \to \overline{M}$ mit $x \in \tau(T_o)$ und folgenden vier Eigenschaften existiert:

(1) $T \subset H^n$; T ist offen in $H^n$;

(2) a) $\tau(T)$ ist offen in $\overline{M}$; b) $\tau(T_+) \subset M$; c) $\tau(T_o) \subset \overline{M} \setminus M$;

(3) $\tau$ ist ein Homöomorphismus von T auf $\tau(T)$;

(4) $\tau$ ist eine $C^2$-Abbildung mit $J(t) > o$ für alle $t \in T$.

Die Menge aller Randpunkte von M heiße der *Rand* $\partial M$ von M.

*Beispiele.*

1. Ist M eine offene Strecke $S \subset E^1$, so besteht $\partial S$ aus den beiden Endpunkten von S. Ist M hingegen die Kurve $K := \{x: 0 < x_1 < 1, x_2 = x_1 \sin \pi/x_1\} \subset E^2$, so besteht $\partial K$ nur aus dem Endpunkt (1,0) von K; denn der Endpunkt (0,0) von K ist kein Randpunkt von K, weil zwar ein Homöomorphismus, aber kein $C^2$-Homöomorphismus $\tau$ der Strecke $[0,1[$ in $\overline{K}$ mit $\tau(0) = (0,0)$ existiert.

2. Ist M die offene Kreisscheibe $K^2 := \{x: x_1^2+x_2^2 < 1\} \subset E^2$, so ist $\partial K^2$ der Kreis $S^1$. Denn sei $x = (x_1^0,x_2^0)$ ein Punkt von $S^1$. Dann existiert ein $t_1^0 \in E^1$ mit $x_1^0 = \cos t_1^0$, $x_2^0 = \sin t_1^0$. Nun sei $T := \{t: |t_1-t_1^0| < \pi/4, 0 \leq t_2 < \pi/4\}$. Die Abbildung von T in M, definiert durch $(t_1,t_2) \mapsto (\cos t_1 \cos t_2, \sin t_1 \cos t_2)$ genügt den Bedingungen in der Definition eines Randpunktes x. Also ist x ein Randpunkt der $K^2$.

3. Ist M die Fläche eines Dreiecks, Vierecks,..., k-Ecks, so ist $\partial M$ die Vereinigung aller Seiten, vermindert um die Ecken.

4. Für jede geschlossene Mannigfaltigkeit M ist $\partial M = \emptyset$.

**3.3** Welche Struktur hat nun der Rand $\partial M$ von M? Wir behaupten hierüber den folgenden, wichtigen

SATZ. $\partial M$ *ist leer oder eine* (n-1)-*Mannigfaltigkeit.*

BEWEIS. Zunächst sei n = 1 und $\partial M \neq \emptyset$. Zu zeigen ist: $\partial M$ ist isoliert. Sei x ein Punkt von $\partial M$. Dann existiert eine Abbildung $\tau$ von $T := [0,1[$ in M mit $x = \tau(0)$ und den Eigenschaften 3.2,(2)-(4). Weil $\tau(T)$ in $\overline{M}$ offen und $\{x\} = \tau_0(T_0) = \tau(T) \cap \partial M \subset \overline{M}$ ist, ist $\{x\}$ offen in $\partial M$. - Nun sei $n > 1$. Wir zeigen: erfüllt $\tau: T \to \overline{M}$ die Bedingungen 3.2,(1)-(4), so erfüllt $\tau_o$ die Bedingungen 1.2,(1)-(4) mit $\partial M$ und $n-1$ statt $M$ und $n$. (1) Da $T \subset H^n$ und $T$ in $H^n$ offen ist, ist $T_o = T \cap \mathbb{R}^n_o$ offen in $\mathbb{R}^n_o$. (2) Weil $\tau(T)$ in $\overline{M}$ offen und $\tau_o(T_o) = \tau(T) \cap \partial M \subset \overline{M}$ ist, ist $\tau_o(T_o)$ offen in $\partial M$. (3) Trivial. (4) Zunächst ist $\tau_o$ eine $C^2$-Abbildung. Es bleibt also zu zeigen, daß für die Jacobische Funktion $J_o$ von $\tau_o$ gilt: $J_o(t) > o$ für alle $t \in T_o$. [11] Weil nun $J(t) > o$ ist nach 3.2,(4), ist mindestens eine der Determinanten, aus denen $J(t)$ gebildet ist (vgl. 1.2), verschieden von o. Die Entwicklung einer solchen Determinante nach der letzten Zeile liefert eine $(n-1)$-reihige Determinante $\neq o$, die in $J_o(t)$ auftritt. Also ist $J_o(t) > o$.

**3.4** Nach 3.2,(2),c) gilt

(5) $$\partial M \subset \overline{M} \setminus M.$$

Also ist jeder Punkt von $\partial M$ ein Häufungspunkt von $M$. Hingegen ist umgekehrt kein Punkt von $M$ ein Häufungspunkt von $\partial M$. Um dies zu zeigen, genügt es zu beweisen:

(6) $$M \text{ ist offen in } \overline{M}.$$

Angenommen, wir hätten bereits bewiesen, daß zu jedem Punkt $x$ von $M$ eine in $E^m$ offene Menge $U$ mit $x \in U$ und $U \cap M = U \cap \overline{M}$ existiert. Wählen wir für jedes $x \in M$ eine solche Menge $U$ und bilden die Vereinigung $U^*$ dieser Mengen, so ist $U^*$ offen in $E^m$ und es ist $M = \bigcup(U \cap M) = \bigcup(U \cap \overline{M}) = (\bigcup U) \cap \overline{M} = U^* \cap \overline{M}$. Also gilt (6). Beweisen wir nun unsere Annahme. Sei $\tau: T \to M$ eine $x$ überdeckende Karte von $M$. Wir wählen eine im $\mathbb{R}^n$ offene Menge $V$ derart, daß erstens $\overline{V}$ kompakt und $\subset T$ und zweitens $x \in \tau(V)$ ist. Nach 1.2,(2) und (3) ist $\tau(V)$ offen in $M$. Also existiert eine offene Menge $U$ des $E^m$ mit $U \cap M = \tau(V)$. Wir behaupten: $U \cap M = U \cap \overline{M}$. Es genügt zu zeigen, daß $U \cap \overline{M} \subset U \cap M$ ist. Sei also $y$ ein Punkt von $U \cap \overline{M}$. Dann existiert in $U \cap M$ eine gegen $y$ konvergente Punktfolge $(y^1, y^2, \ldots)$.

Jeder Punkt $y^i$ ist das Bild $\tau(t^i)$ eines Punktes $t^i \in V$. Indem wir nötigenfalls zu einer Teilfolge übergehen, können wir o.B.d.A. annehmen, daß die Folge $(t^1, t^2, \ldots)$ ebenfalls konvergiert. Der Limes $t$ ist ein Punkt von $\overline{V}$, also von $T$. Folglich ist $\tau(t) = y$ und daher $y \in M$. ⌋

Es ist für uns wichtig, neben der n-Mannigfaltigkeit $M$ und ihrem Rand $\partial M$ auch die Menge

(7) $$\widehat{M} := M \cup \partial M$$

zu betrachten. Wegen $\partial M \subset \overline{M}$ ist $M \subset \widehat{M} \subset \overline{M}$. Zufolge (6) gilt:

(8) $M$ ist offen in $\widehat{M}$.

Weiter ist $\widehat{M}$ die Vereinigung der Mengen $\tau(T)$ für alle Abbildungen $\tau: T \to \overline{M}$ mit den Eigenschaften 3.2,(1)-(4); wegen (2),a) gilt somit:

(9) $\widehat{M}$ ist offen in $\overline{M}$.

**3.5** Zu jedem Punkt $x$ von $M$ existiert eine $x$ überdeckende Karte $\tau: T \to M$ mit $T = T_+$; aus 1.2,(1)-(4) folgt dann 3.2,(1)-(4). Zu jedem Punkt $x$ von $\partial M$ existiert eine Abbildung $\tau: T \to \overline{M}$ mit $x \in \tau(T)$, für welche ebenfalls 3.2,(1)-(4) gilt. In beiden Fällen ist $\tau(T) \subset \widehat{M}$. Zu jedem Punkt $x$ von $\widehat{M}$ existiert also eine Abbildung $\tau: T \to \widehat{M}$ mit $x \in \tau(T)$ und den Eigenschaften 3.2,(1)-(4). Jede derartige Abbildung $\tau$ heiße eine den Punkt $x$ überdeckende *Karte* von $\widehat{M}$. Überdeckt eine Familie $\{\tau^j: T^j \to \widehat{M}\}_{j \in I}$ von Karten ganz $\widehat{M}$, so heiße sie ein *Atlas* von $\widehat{M}$. Dann ist die Familie der Abbildungen $\tau_+^j: T_+^j \to M$ ein Atlas von $M$ und, falls $n > 1$ ist, die Familie der Abbildungen $\tau_o^j: T_o^j \to \partial M$, soweit die Mengen $T_o^j$ nichtleer sind, ein Atlas von $\partial M$.

**3.6** Nach 3.4,(5) gilt im allgemeinen nur $\partial M \subset \overline{M} \setminus M$. Es ist zu erwarten, daß der Fall $\partial M = \overline{M} \setminus M$ besonders interessant ist. In der Tat gilt folgender

SATZ. *Ist* $\partial M = \overline{M} \setminus M$, *so ist* $\partial\partial M = \emptyset$.

BEWEIS. Da $M$ in $\overline{M}$ offen ist nach 3.4,(6), ist $\overline{M} \setminus M$ abgeschlossen. Für $\partial M = \overline{M} \setminus M$ ist also $\overline{\partial M} = \partial M$. Für den Rand $\partial\partial M$ von $\partial M$ gilt daher $\partial\partial M \subset \overline{\partial M} \setminus \partial M = \emptyset$. ⌋

**3.7** Ist die Menge $\overline{M} \setminus M$ eine $(n-1)$-Mannigfaltigkeit, so ist im Fall $n < m$ die Folgerung $\partial M = \overline{M} \setminus M$ im allgemeinen falsch. Dies zeigt die Kurve $K$ in 3.2, Beispiel 1. Im Fall $n = m$ ist die Folgerung jedoch richtig. Denn es gilt der

SATZ. *Ist* $G$ *eine offene Menge des* $E^n$ *mit der Eigenschaft, daß* $H := \overline{G} \setminus G$ *eine Hyperfläche im* $E^n$ *ist, so ist* $\partial G = \overline{G} \setminus G$.

BEWEIS. Es sei $x^o = (x_1^o, \dots, x_n^o)$ ein Punkt von $\overline{G} \setminus G$. Wir zeigen: $x^o \in \partial G$. Dabei können wir o.B.d.A. voraussetzen, daß für $M := H$ und $E' :=$ Raum aller $(x_1, \dots, x_{n-1})$ die Situation des Satzes in 2.2 vorliegt. Nun wählen wir eine offene Teilmenge $V^o$ von $V$ derart, daß $(x_1^o, \dots, x_{n-1}^o) \in V^o$ und $\overline{V^o} \subset V$ gilt. Ist $V^o$ hinreichend klein, was wir annehmen dürfen, so existiert entweder für $\varepsilon = +1$ oder für $\varepsilon = -1$ ein $\delta > o$ derart, daß für alle $(x_1, \dots, x_{n-1}) \in V^o$ und alle $x_n$ mit $o < x_n < \delta$ gilt.

$$(x_1, \dots, x_{n-1}, f(x_1, \dots, x_{n-1}) + \varepsilon x_n) \in G.$$

Nun sei $T$ die Menge aller $x = (x_1, \dots, x_n)$ mit $(x_1, \dots, x_{n-1}) \in V^o$, $o \leq x_n < \delta$ und $\tau\colon T \to \overline{G}$ die folgendermaßen definierte Abbildung:

$$\tau(x) := (x_1, \dots, x_{n-1}, f(x_1, \dots, x_{n-1}) + \varepsilon x_n).$$

Dann ist $x^o = \tau(x_1^o, \dots, x_n^o, o)$ und $\tau$ hat die Eigenschaften 3.2,(1)-(4) mit $G$ statt $M$. Also ist $x^o \in \partial G$. ⌋

*Aufgabe.*

Ist G eine nichtleere, offene Menge des $E^n$ und ist die offene Menge $G' := E^n \setminus \overline{G}$ ebenfalls nichtleer, so ist $\partial G = \partial G'$.

## § 4. Kartenwechsel

**4.1** Es liege eine n-Mannigfaltigkeit M im $E^m$ vor. Für je zwei Karten $\tau: T \to \hat{M}$ und $\tilde{\tau}: \tilde{T} \to \hat{M}$ von $\hat{M}$ nennen wir die Abbildung $\varphi^{\tau\tilde{\tau}} := \tau^{-1} \circ \tilde{\tau}$ den *Kartenwechsel* von $\tau$ in $\tilde{\tau}$ oder auch die Transformation des Koordinatensystems $\tau$ in das Koordinatensystem $\tilde{\tau}$. [12)]

Die Abbildung $\varphi^{\tau\tilde{\tau}}$ ist genau dann nichtleer, wenn $I := \tau(T) \cap \tilde{\tau}(\tilde{T})$ nichtleer ist. In diesem Fall ist $\varphi^{\tau\tilde{\tau}}$ wegen 3.1,(3) ein Homöomorphismus der in $\tilde{T}$ offenen Menge $\tilde{\tau}^{-1}(I)$ auf die in T offene Menge $\tau^{-1}(I)$. Wir behaupten darüber hinaus:

(1) $\varphi^{\tau\tilde{\tau}}$ ist ein $C^2$-Diffeomorphismus.

Zur Abkürzung setzen wir $\varphi^{\tau\tilde{\tau}} =: \varphi$. Es genügt, (1) zu beweisen für den Fall $\tau(T) = \tilde{\tau}(\tilde{T})$. Dann ist $\varphi$ ein Homöomorphismus von $\tilde{T}$ auf T. Nun seien $\tilde{t} := (\tilde{t}_1,\dots,\tilde{t}_n)$ und $\tilde{t}^h := (\tilde{t}_1+h,\tilde{t}_2,\dots,\tilde{t}_n)$ mit $h \neq 0$ zwei Punkte aus $\tilde{T}$ und $t := (t_1,\dots,t_n)$ und $t^k := (t_1+k_1,\dots,t_n+k_n)$ ihre $\varphi$-Bilder in T, also $t = \varphi(\tilde{t})$ und $t^k = \varphi(\tilde{t}^h)$. Wir untersuchen für jedes $\nu = 1,\dots,n$ den Quotienten $k_\nu/h$. Falls er für $h \to 0$ konvergiert, ist der Limes die Ableitung $D_1\varphi_\nu$.

Für jedes $\mu = 1,\dots,m$ ist nun (bei hinreichend kleinem $|h|$) nach dem Mittelwertsatz $\tilde{\tau}_\mu(\tilde{t}^h) - \tilde{\tau}_\mu(t)$ einerseits gleich

$$\tau_\mu(t^k) - \tau_\mu(t) = \sum_{\nu=1}^{n} D_\nu\tau_\mu(t_1+\vartheta_\mu k_1,\dots,t_n+\vartheta_\mu k_n)\cdot k_\nu,$$

andererseits gleich

$$D_1\tilde{\tau}_\mu(\tilde{t}_1+\tilde{\vartheta}_\mu h,\tilde{t}_2,\ldots,\tilde{t}_n)\cdot h \quad .$$

Also bestehen die Gleichungen

$$\sum_{\nu=1}^{n} D_\nu\tau_\mu(t_1+\vartheta_\mu k_1,\ldots,t_n+\vartheta_\mu k_n)\cdot k_\nu/h =$$

$$= D_1\tilde{\tau}_\mu(\tilde{t}_1+\tilde{\vartheta}_\mu h,\tilde{t}_2,\ldots,\tilde{t}_n). \qquad (\mu=1,\ldots,m).$$

Wegen $J(t) \neq o$ können wir o.B.d.A. annehmen, daß die Determinante $\det(D_\nu\tau_\mu(t))_{\nu,\mu=1,\ldots,n} \neq o$ ist. Daher können wir für hinreichend kleines $|h|$ auf die ersten n dieser m Gleichungen die Cramersche Regel anwenden und sodann den Grenzübergang $h \to o$ ausführen. Es ergibt sich, daß $\lim k_\nu/h$, also $D_1\varphi_\nu$ für $\nu = 1,\ldots,n$ existiert und daß die folgende Gleichung für $i = 1$ und $\mu = 1,\ldots,m$ gilt:

$$(2) \qquad \sum_{\nu=1}^{n} D_\nu\tau_\mu(t)\cdot D_i\varphi_\nu(\tilde{t}) = D_i\tilde{\tau}_\mu(\tilde{t}) \qquad (t=\varphi(\tilde{t})).$$

Ebenso beweist man die Existenz der Ableitungen $D_2\varphi_\nu,\ldots,D_n\varphi_\nu$ für $\nu = 1,\ldots,n$ und die Gültigkeit der Gleichung (2) für $i = 2,\ldots,n$ und $\mu = 1,\ldots,m$.

Weil die Funktionen $D_\nu\tau_\mu$ und $D_i\tilde{\tau}_\mu$ $C^1$-Funktionen sind und $\varphi$ eine $C^1$-Abbildung ist, ergibt sich durch nochmalige Anwendung der Cramerschen Regel, daß die Funktionen $D_i\varphi_\nu$ ebenfalls $C^1$-Funktionen, also die $\varphi_\nu$ $C^2$-Funktionen sind. Also ist $\varphi$ eine $C^2$-Abbildung.

Wegen der Symmetrie zwischen $\tau$ und $\tilde{\tau}$ folgt, daß die Umkehrung $\varphi^{\tilde{\tau}\tau}$ von $\varphi$ ebenfalls eine $C^2$-Abbildung ist.

┘

**4.2** Bei jeder Definition eines Begriffes, die eine Karte verwendet, ist zu prüfen, ob der Begriff bei einem Kartenwechsel invariant ist; wenn nicht, ist zu prüfen, in welcher Weise er auf einen Kartenwechsel reagiert.

Beispielsweise transformiert sich bei jedem Kartenwechsel $\varphi := \varphi^{\tau\tilde{\tau}}$

die Jacobische Funktion J von $\tau$ in die Jacobische Funktion $\tilde{J}$ von $\tilde{\tau}$ folgendermaßen:

(3) $\qquad (J \circ \varphi) \cdot |\det D\varphi| = \tilde{J}.$

Denn aus 4.1,(2) folgt für $1 \leq \mu_1 < \ldots < \mu_n \leq m$ die Gleichung

(4) $\qquad ((\det(D_i\tau_{\mu_k})) \circ \varphi) \cdot \det D\varphi = \det(D_i\tilde{\tau}_{\mu_k}).$

**4.3** Wieder seien $\tau\colon T \to \hat{M}$ und $\tilde{\tau}\colon \tilde{T} \to \hat{M}$ Karten von $\hat{M}$ mit $\tau(T) = \tilde{\tau}(\tilde{T})$. Die Restriktionen $\tau_o$ und $\tilde{\tau}_o$ von $\tau$ und $\tilde{\tau}$ auf $T_o$ und $\tilde{T}_o$ sind nach 3.3 Karten der (n-1)-Mannigfaltigkeit $\partial M$ mit $\tau_o(T_o) = \tilde{\tau}_o(\tilde{T}_o)$. Der Kartenwechsel $\varphi_o := \varphi^{\tau_o\tilde{\tau}_o} = \tau_o^{-1} \circ \tilde{\tau}_o$ ist die Restriktion von $\varphi$ auf $\tilde{T}_o$ und nach 4.1,(1) ein $C^2$-Diffeomorphismus von $\tilde{T}_o$ auf $T_o$. Wir behaupten:

(5) $\qquad$ ist $\det D\varphi > o$ in $\tilde{T}_+$, so ist $\det D\varphi_o > o$ in $\tilde{T}_o$.

(Man beachte, daß $D\varphi_o$ nur eine (n-1)-reihige quadratische Matrix ist.) In $\tilde{T}_o$ ist $D_1\varphi_n = \ldots = D_{n-1}\varphi_n = o$ und $D_n\varphi_n \geq o$ ($\varphi_n$ ist die n-te Komponente von $\varphi$). Es folgt hieraus in $\tilde{T}_o$ die Gleichung $\det D\varphi = D_n\varphi_n \cdot \det D\varphi_o$. In $\tilde{T}_o$ ist wegen 4.2,(3) also $D_n\varphi_n > o$ und $\det D\varphi_o \neq o$. Gäbe es nun in $\tilde{T}_o$ einen Punkt $\tilde{t}^o$ mit $\det D\varphi_o(\tilde{t}^o) < o$, so wäre auch $\det D\varphi < o$ in einer ganzen Umgebung U in $H^n$ von $\tilde{t}^o$, also auch in $U \cap \tilde{T}_+ \neq \emptyset$, entgegen der Voraussetzung in (5).

**4.4** Der Vollständigkeit wegen notieren wir zwecks späterer Anwendung noch folgendes. Sei $\tilde{\tilde{\tau}}\colon \tilde{\tilde{T}} \to \hat{M}$ eine dritte Karte von $\hat{M}$ und es sei $I := \tau(T) \cap \tilde{\tau}(\tilde{T}) \cap \tilde{\tilde{\tau}}(\tilde{\tilde{T}})$ nichtleer. Für beliebiges $x \in I$ seien $t, \tilde{t}, \tilde{\tilde{t}}$ die Urbilder in $T, \tilde{T}, \tilde{\tilde{T}}$. Dann ist $\varphi^{\tau\tilde{\tilde{\tau}}}(\varphi^{\tilde{\tilde{\tau}}\tilde{\tau}}(\varphi^{\tilde{\tau}\tau}(t))) = t$ und daher nach dem Produktsatz für Jacobische Determinanten

(6) $\qquad \det D\varphi^{\tau\tilde{\tilde{\tau}}}(\tilde{\tilde{t}}) \cdot \det D\varphi^{\tilde{\tilde{\tau}}\tilde{\tau}}(\tilde{t}) \cdot \det D\varphi^{\tilde{\tau}\tau}(t) = 1.$

Für zwei Karten $\tau$ und $\tilde{\tau}$ mit $\tau(T) \cap \tilde{\tau}(\tilde{T}) \neq \emptyset$ erhalten wir

(7) $\qquad \det D\varphi^{\tau\tilde{\tau}}(\tilde{t}) \cdot \det D\varphi^{\tilde{\tau}\tau}(t) = 1.$

Dies folgt aus (6), indem wir $\tilde{\tilde{\tau}} = \tau$ wählen.

# § 5. Gramsche Determinante einer Karte

Wieder sei M eine n-Mannigfaltigkeit im $E^m$ und $\tau$: $T \to \widehat{M}$ eine Karte von $\widehat{M}$. Für jedes Paar (i,k) natürlicher Zahlen $\le$ n sei die Funktion $g_{ik}$: $T \to \mathbb{R}$ definiert durch

$$(1) \qquad g_{ik} := \sum_{\mu=1}^{m} D_i\tau_\mu \cdot D_k\tau_\mu \ .$$

(Für jeden Punkt $t \in T$ ist also $g_{ik}(t)$ das Skalarprodukt der Tangentenvektoren $D_i\tau(t)$ und $D_k\tau(t)$ an M im Punkt $x = \tau(t)$; vgl. 6.2.)
Die Funktion g: $T \to \mathbb{R}$, definiert durch

$$g := \det(g_{ik})$$

heißt die *Gramsche Determinante* der Karte $\tau$.

Sie ist mit der Jacobischen Funktion J von $\tau$ verknüpft durch die Gleichung

$$(2) \qquad g = J^2.$$

Denn setzen wir $D_i\tau_\mu =: d_{i\mu}$, so ist (mit $i,k = 1,\ldots,n; \mu,\mu_1,\ldots,\mu_n = 1,\ldots,m$):

$$\det(\sum_\mu d_{i\mu}d_{k\mu}) =$$

$$\sum_{\mu_1,\ldots,\mu_n} \det(d_{i\mu_k}d_{k\mu_k}) = \sum_{\mu_1,\ldots,\mu_n} (\det(d_{i\mu_k}) \cdot \prod_k d_{k\mu_k}) =$$

$$\sum_{\mu_1<\ldots<\mu_n} (\det(d_{i\mu_k}) \cdot \det(d_{k\mu_i})) = \sum_{\mu_1<\ldots<\mu_n} \det{}^2(d_{i\mu_k}) \quad . \quad \rfloor$$

Wegen (2) und 1.2,(4) ist

$$(3) \qquad g > 0 \ .$$

Aus (2) und 4.2,(3) folgt, daß bei einem nichtleeren Kartenwechsel $\varphi = \varphi^{\tau\tilde{\tau}}$ die Gramsche Determinante g von $\tau$ sich in die Gramsche Determinante $\tilde{g}$ von $\tilde{\tau}$ folgendermaßen transformiert:

$$(4) \qquad (g \circ \varphi) \cdot \det{}^2 D\varphi = \tilde{g} \; .$$

Schließlich behaupten wir, daß g gegenüber einer orthogonalen Koordinatentransformation

$$(5) \quad \alpha: \qquad x_\mu = a_\mu + \sum_{\lambda=1}^{m} a_{\lambda\mu}\dot{x}_\lambda \qquad (\mu=1,\ldots,m)$$

im $E^m$ invariant ist. Denn seien $\dot{\tau}_1,\ldots,\dot{\tau}_m$ die Komponenten der Karte $\tau$ bzgl. der Koordinaten $\dot{x}_1,\ldots,\dot{x}_m$, sodann $\dot{g}_{ik} := \sum D_i\dot{\tau}_\mu \cdot D_k\dot{\tau}_\mu$ und $\dot{g} := \det(\dot{g}_{ik})$. Dann folgen aus (5) die Gleichungen $\tau_\mu = a_\mu + \sum a_{\lambda\mu}\dot{\tau}_\lambda$. Setzt man dies in (1) ein und rechnet die so entstehende Gleichung aus, so ergibt sich $g_{ik} = \dot{g}_{ik}$ und damit die Behauptung

$$(6) \qquad g = \dot{g} \; .$$

Aus (3) und (6) folgt $\dot{g} > o$ und damit $\dot{J} > o$. Also bleibt eine n-Mannigfaltigkeit bei orthogonalen Koordinatentransformationen im $E^m$ eine n-Mannigfaltigkeit.

Eine geometrische Deutung von g ist die folgende: $\sqrt{g(t)}$ ist gleich dem Volumen $\lambda^n(P)$ des n-dimensionalen Parallelotops P, das aufgespannt wird durch die n Tangentenvektoren $D_i\tau(t)$ an M im Punkt $x = \tau(t)$ (vgl. 6.2). Denn wegen (5) können wir (bei festgewähltem $t \in T$) das Koordinatensystem o.B.d.A. so gewählt voraussetzen, daß x der Ursprung ist und die genannten Vektoren in der n-dimensionalen Ebene mit den Gleichungen $x_{n+1} = \ldots = x_m = o$ liegen. Dann ist $D_i\tau_{n+1}(t) = \ldots = D_i\tau_m(t) = o$; also gilt $g(t) = \det^2(D_i\tau_\nu(t))_{i,\nu=1,\ldots,n} = \lambda^n(P)^2$.

*Beispiele.*

1. Ist M eine Kurve, so ist $g = \sum (D\tau_\nu)^2$.

2. Ist M eine Fläche im $E^3$, so ist $g = \sqrt{EG-F^2}$ mit $E := g_{11}$, $F := g_{12} = g_{21}$, $G := g_{22}$ (Gaußsche Bezeichnungen).

# § 6. Tangentialräume einer Mannigfaltigkeit

Wir verallgemeinern den elementaren Begriff der Tangente einer Kurve in einem ihrer Punkte auf beliebige n-Mannigfaltigkeiten, verfeinern ihn aber zugleich zum Begriff eines Tangenten*vektors*.

**6.1** Um dies sachgerecht tun zu können, führen wir als Hilfsmittel für jeden Punkt $x^o = (x_1^o,\dots,x_m^o)$ des $E^m$ den folgendermaßen definierten Vektorraum $\mathfrak{V}_{x^o} = \mathfrak{V}_{x^o}E^m$ über $\mathbb{R}$ ein. Die Vektoren aus $\mathfrak{V}_{x^o}$ sind die geordneten Paare $v = (x^o,x)$ mit $x = (x_1,\dots,x_m) \in E^m$. Die Differenzen $x'_\mu := x_\mu - x_\mu^o (\mu = 1,\dots,m)$ der Koordinaten von $x$ und $x^o$ heißen die Koordinaten von $v$. Die Summe $v+\bar{v}$ zweier Vektoren $v$ und $\bar{v}$ mit den Koordinaten $x'_\mu = x_\mu - x_\mu^o$ und $\bar{x}'_\mu = \bar{x}_\mu - x_\mu^o$ ist der Vektor mit den Koordinaten $x'_\mu + \bar{x}'_\mu = x_\mu + \bar{x}_\mu - 2x_\mu^o$; das Produkt $cv$ eines Vektors $v$ mit den Koordinaten $x'_\mu = x_\mu - x_\mu^o$ mit einem Skalar $c \in \mathbb{R}$ ist der Vektor mit den Koordinaten $cx'_\mu = c\cdot(x_\mu - x_\mu^o)$. Der so definierte Vektorraum $\mathfrak{V}_{x^o}$ ist m-dimensional; bezeichnen wir mit $v_\mu^o$ den Vektor aus $\mathfrak{V}_{x^o}$, dessen Koordinaten sämtlich verschwinden mit Ausnahme der $\mu$-ten, die $= 1$ ist, so ist $\{v_1^o,\dots,v_m^o\}$ eine Basis von $\mathfrak{V}_{x^o}$; wir nennen sie kanonisch; der Vektor $v$ mit den Koordinaten $x'_1,\dots,x'_m$ hat die Darstellung $v = x'_1 v_1^o + \dots + x'_m v_m^o$. - Wir führen noch folgende Redeweise ein: statt vom Vektor $v$ aus $\mathfrak{V}_{x^o}$ mit den Koordinaten $x'_1,\dots,x'_m$ sprechen wir kurz vom Vektor $v = (x'_1,\dots,x'_m)$ aus $\mathfrak{V}_{x^o}$ oder noch einfacher vom Vektor $v = (x'_1,\dots,x'_m)$ in $x^o$.

Der Vektorraum $\mathfrak{V}_{x^o}$ ist eine arithmetische Beschreibung des Vektorraumes der orientierten Strecken im $E^m$ mit dem Anfangspunkt $x^o$, mit der üblichen Definition der Summe zweier derartiger Strecken und des Produkts mit einem Skalar aus $\mathbb{R}$.

**6.2** Nun liege eine n-Mannigfaltigkeit $M$ in $E^m$ vor und ein Punkt $x^o = (x_1^o,\dots,x_m^o)$ von $\hat{M}$.

DEFINITION. Ein Vektor $v = (x'_1,\dots,x'_m)$ in $x^o$ heiße ein *Tangentenvektor* an M in $x^o$, wenn eine Folge $(c^j)$ reeller Zahlen und eine gegen $x^o$ konvergente Folge $(x^j)$ von Punkten $x^j = (x^j_1,\dots,x^j_m)$ aus M ($j = 1,2,\dots$) derart existiert, daß $x'_\mu = \lim c^j\cdot(x^j_\mu - x^j_o)$ ist für $\mu = 1,\dots,m$. Die Menge $\mathfrak{T}_{x^o}M$ aller Tangentenvektoren an M in $x^o$ heiße der *Tangentialraum* an M in $x^o$.

Wir behaupten erstens: $\mathfrak{T}_{x^o}M$ ist ein n-dimensionaler Vektorraum über $\mathbb{R}$, und zwar ein Unterraum von $\mathfrak{V}_{x^o}$. [13)]
Zweitens behaupten wir: ist $\tau: T \to \widehat{M}$ eine $x^o$ überdeckende Karte von $\widehat{M}$, $x^o = \tau(t^o)$ mit $t^o \in T$, so sind die wegen 1.1,(4) linear unabhängigen Vektoren

$$D_i\tau(t^o) := (D_i\tau_1(t^o),\dots,D_i\tau_m(t^o)) \qquad (i=1,\dots,n)$$

in $x^o$ Tangentenvektoren an M in $x^o$, also Vektoren aus $\mathfrak{T}_{x^o}M$, und zwar ist das n-Tupel

$$D\tau(t^o) := (D_1\tau(t^o),\dots,D_n\tau(t^o))$$

eine Basis von $\mathfrak{T}_{x^o}M$. [14)]

Wir beweisen diese beiden Behauptungen. Sei $v = (x'_1,\dots,x'_m)$ ein Vektor aus $\mathfrak{T}_{x^o}M$, also $x'_\mu = \lim c^j\cdot(x^j_\mu - x^o_\mu)$ für $\mu = 1,\dots,m$. Wir zeigen: v liegt im Unterraum von $\mathfrak{V}_{x^o}$ mit der Basis $D\tau(t^o)$. Für jedes hinreichend große j ist $x^j = \tau(t^j)$ mit $t^j \in T$ und die Strecke $[t^o,t^j]$ in T enthalten. Nach dem Mittelwertsatz existiert für jedes solche j und jedes $\mu$ ein Punkt $\bar t^j_\mu \in [t^o,t^j]$ mit $x^j_\mu - x^o_\mu = \sum_{i=1}^{n} (t^j_i - t^o_i)\cdot D_i\tau_\mu(\bar t^j_\mu)$. Wegen $J(t^o) \neq o$ können wir o.B.d.A. annehmen, daß $\det(D_i\tau_\mu(t^o)) \neq o$ ist für $i,\mu = 1,\dots,n$. Dann dürfen wir für alle hinreichend großen j auf die ersten n der vorstehenden m Gleichungen die Cramersche Regel anwenden. Wegen $c^j\cdot(x^j_\mu - x^o_\mu) \to x'_\mu$ folgt, daß für jedes $i=1,\dots,n$ die Folge $(c^j\cdot(t^j_i - t^o_i))$ konvergiert; ihr Limes heiße $k_i$. Dann ist weiter $\sum_{i=1}^{n} k_i\cdot D_i\tau_\mu(t^o) = x'_\mu$ für $\mu = 1,\dots,m$. Also liegt v im Unterraum von $\mathfrak{V}_{x^o}$ mit der Basis $D\tau(t^o)$. - Umgekehrt sei v ein Vektor dieses Unterraumes. Wir zeigen: $v \in \mathfrak{T}_{x^o}M$. Nun existieren n reelle Zahlen $k_1,\dots,k_n$ derart, daß $v = \sum_{i=1}^{n} k_i\cdot D_i\tau(t^o)$ ist. Für jede natürliche Zahl j sei $c^j := j$ und $t^j$ der Punkt des $\mathbb{R}^n$ mit den Koordinaten $t_i^j := t_i^o + k_i/j$. Für jedes hinreichend große j liegt die Strecke $[t^o,t^j]$ in T. Für jedes dieser j und jedes $\mu = 1,\dots,m$ existiert nach dem Mittelwertsatz auf dieser Strecke ein Punkt $\bar{t}_\mu^j$ derart, daß $\tau_\mu(t^j)-\tau_\mu(t^o) = \sum_{i=1}^{n}(t_i^j-t_i^o)\cdot D_i\tau_\mu(\bar{t}_\mu^j)$ ist. Für die Punkte $x^j := \tau(t^j)$ aus M gilt daher $c^j\cdot(x^j-x^o) = \sum_{i=1}^{n} k_i\cdot D_i\tau_\mu(t^j)$. Es folgt schließlich $c^j\cdot(x^j-x^o) \to \sum_{i=1}^{n} k_i\cdot D_i\tau_\mu(t^o)$ für $j \to \infty$. ⌋

Wir merken noch an: ist $\tilde{\tau}$ eine zweite $x^o$ überdeckende Karte von $\widehat{M}$, so transformiert sich nach 4.1,(2) die Basis $D\tau(t^o)$ in die Basis $D\tilde{\tau}(\tilde{t}^o)$ linear mit der Koeffizientenmatrix $D\varphi^{\tau\tilde{\tau}}(t^o)$.

*Aufgaben.*

1. Für jeden Punkt $x^o \in \partial M$ ist der Tangentialraum $\mathcal{T}_{x^o}(\partial M)$ an $\partial M$ in $x^o$ ein (n-1)-dimensionaler Unterraum des Tangentialraumes $\mathcal{T}_{x^o}M$ an M in $x^o$. Ist $\tau\colon T \to \widehat{M}$ eine $x^o$ überdeckende Karte von $\widehat{M}$, $x^o = \tau(t^o)$ mit $t^o \in T$, so ist das (n-1)-Tupel $(D_1\tau(t^o),\dots,D_{n-1}\tau(t^o))$ eine Basis von $\mathcal{T}_{x^o}(\partial M)$.

2. Sei $x^o$ ein Punkt von $\widehat{M}$ und $(v_1,\dots,v_n)$ eine Basis von $\mathcal{T}_{x^o}M$; ist speziell $x^o \in \partial M$, so gelte überdies $v_1,\dots,v_{n-1} \in \mathcal{T}_{x^o}(\partial M)$ und für den Vektor $v := v_n$ könne in der vorstehenden Definition gefordert werden: $c^j > o$ für alle j. Dann existiert eine $x^o$ überdeckende Karte $\tau\colon T \to \widehat{M}$ von $\widehat{M}$, $x^o = \tau(t^o)$ mit $t^o \in T$, derart, daß $v_i = D_i\tau(t^o)$ ist für $i = 1,\dots,n$. Ist $\tilde{\tau}$ eine zweite derartige Karte, so ist $D\varphi^{\tilde{\tau}\tau}(t)$ die Einheitsmatrix.

3. Ist n = m (also M eine offene Menge G des $E^n$), so ist $\mathcal{T}_{x^o}M = \mathcal{W}_{x^o}E^n$.

4. In obiger Definition sei v nicht der Nullvektor; also sei $l := \sqrt{\sum_{\mu=1}^{m} x_\mu'^2} > o$. Dann o.B.d.A. $c^j \neq o$ und sgn $c^j$ konstant $= \varepsilon = \pm 1$, sowie $l^j := \sqrt{\sum_{\mu=1}^{m}(x_\mu^j-x_\mu^o)^2} > o$ für alle j. Unter diesen Prämissen ist

$$x_\mu'/l = \varepsilon \cdot \lim\,(x_\mu^j-x_\mu^o)/l^j \quad \text{für } \mu = 1,\dots,m.$$

# § 7. Orientierbare Mannigfaltigkeiten

Für die Anwendungen sind diese spezielleren Mannigfaltigkeiten besonders wichtig. Beispielsweise werden wir für den Stokesschen Satz nur orientierbare Mannigfaltigkeiten brauchen können.

**7.1** Vorweg erledigen wir den Fall einer o-Mannigfaltigkeit M im $E^m$: jede Funktion $\mathfrak{O} : M \to \{-1,+1\}$ heiße eine Orientierung von M.

Nun liege eine n-Mannigfaltigkeit M im $E^m$ vor. Wir nennen zwei Karten $\tau: T \to M$ und $\tilde{\tau}: \tilde{T} \to M$ von M *verträglich*, wenn der Durchschnitt $I := \tau(T) \cap \tilde{\tau}(\tilde{T})$ entweder leer ist oder in jedem Punkt $\tilde{t}$ von $\tilde{\tau}^{-1}(I)$ die Ungleichung $\det D\varphi^{\tau\tilde{\tau}} > o$ gilt. Diese Relation "verträglich" ist reflexiv und symmetrisch; dies folgt aus 4.4,(7). Ein Atlas $\mathfrak{A}$ von M heiße *einheitlich*, wenn je zwei Karten aus $\mathfrak{A}$ verträglich sind.

Sei $\mathfrak{A}$ ein einheitlicher Atlas von M (falls ein solcher existiert). Sind $\tilde{\tau}: \tilde{T} \to M$ und $\tilde{\tilde{\tau}}: \tilde{\tilde{T}} \to M$ zwei Karten von M, die mit jeder Karte $\tau: T \to M$ aus $\mathfrak{A}$ verträglich sind, so sind $\tilde{\tau}$ und $\tilde{\tilde{\tau}}$ auch miteinander verträglich. Denn ist $\tilde{\tau}(\tilde{T}) \cap \tilde{\tilde{\tau}}(\tilde{\tilde{T}}) \neq \emptyset$ und ist x ein Punkt dieses Durchschnittes, so existiert in $\mathfrak{A}$ eine x überdeckende Karte $\tau:T\to M$; dann gilt 4.4,(6); weil hierin der erste und der dritte Faktor > o ist, ist auch der zweite Faktor > o. Also ist die Menge $\mathfrak{O}$ aller Karten $\tilde{\tau}$ von M, die mit jeder Karte $\tau$ aus $\mathfrak{A}$ verträglich sind, ebenfalls ein einheitlicher Atlas von M, und zwar ist er der maximale einheitliche Atlas von M, der den Atlas $\mathfrak{A}$ enthält.

DEFINITION. Besitzt M (mindestens) einen einheitlichen Atlas, so heiße M *orientierbar* und jeder maximale einheitliche Atlas von M heiße dann eine *Orientierung* von M. Ist M orientierbar und $\mathfrak{O}$ eine Orientierung von M, so heiße das Paar $(M,\mathfrak{O})$ eine *orientierte n-Mannigfaltigkeit*.

Statt $\mathfrak{A} \subset \mathfrak{O}$ sagen wir auch, $\mathfrak{A}$ sei ein Atlas der Orientierung $\mathfrak{O}$. Ist $\mathfrak{O}$ eine Orientierung von M, so schreiben wir gelegentlich auch $\mathfrak{O}_M$ statt $\mathfrak{O}$.

*Beispiele.*

1. Jede nichtleere, offene Menge G im $E^n$ (vgl. 1.2, Satz) ist orientierbar; denn der nur aus der trivialen Karte von G bestehende Atlas von G ist trivialerweise einheitlich. Die diese Karte enthaltende Orientierung von G nennen wir *positiv* und bezeichnen sie mit $\mathfrak{O}_G^+$. Wir verabreden, G stets als positiv orientiert anzunehmen, wenn nicht ausdrücklich etwas anderes gesagt ist. $\mathfrak{O}_G^+$ besteht zufolge 4.4,(7) aus allen Karten $\tau$: T → G von G mit det $D\tau > o$ überall in T. Die Menge aller Karten $\tau$: T → G von G mit det $D\tau < o$ überall in T ist ebenfalls eine Orientierung von G; sie heiße die *negative* Orientierung $\mathfrak{O}_G^-$ von G.

2. Die in 1.2 als Beispiele angegebenen Mannigfaltigkeiten sind sämtlich orientierbar.

3. Beispiele nicht orientierbarer Mannigfaltigkeiten geben wir erst in § 23 an.

*Aufgaben.*

1. Jede Kurve ist orientierbar.

2. Ist M eine orientierbare n-Mannigfaltigkeit im $E^m$ und M' eine n-Mannigfaltigkeit ⊂ M, so ist auch M' orientierbar (vgl. 2.2, Aufgabe 2).

3. Für $i = 1,\ldots,k$ sei $M_i$ eine $n_i$-Mannigfaltigkeit im $E^{m_i}$. Wir setzen $n_1 +\ldots+ n_k = n$ und $m_1 +\ldots+ m_k = m$. Dann ist das cartesische Produkt $M := M_1 \times\ldots\times M_k$ eine n-Mannigfaltigkeit im Raum $E^m := E^{m_1} \times\ldots\times E^{m_k}$. Sind die $M_i$ orientierbar, so ist auch M orientierbar. (Beispiel: der n-dimensionale *Torus* $T^n := \{x: x_{2i-1}^2+x_{2i}^2 = 1;\ i = 1,\ldots,n\}$ im $E^{2n}$ ist als Produkt von n Kreisen orientierbar.

**7.2** Es sei $(M,\mathcal{O})$ eine orientierte n-Mannigfaltigkeit im $E^m$. Wir definieren folgendermaßen die zu $\mathcal{O}$ entgegengesetzte Orientierung $-\mathcal{O}$ von $\mathcal{O}$.

Sei $\sigma$ die Spiegelung des $\mathbb{R}^n$ an der Hyperebene $\{t: t_1 = o\}$. Ist $\tau: T \to E^m$ eine Abbildung einer Menge $T \subset \mathbb{R}^n$ in den $E^m$, so setzen wir $T' := \sigma(T)$ und $\tau' := \tau \circ \sigma$.[12)] Wir nennen die Abbildung $\tau' : T' \to E^m$ das Spiegelbild von $\tau$ (es ist $\tau'(T') = \tau(T)$). - Für jede Karte $\tau: T \to M$ aus $\mathcal{O}$ und ihr Spiegelbild $\tau': T' \to M$ ist $\det D\varphi^{\tau\tau'} = -1$ überall in $T'$. Die Menge aller $\tau'$ mit $\tau \in \mathcal{O}$ ist also wegen 4.4, (7) eine Orientierung $\mathcal{O}'$ von M, die mit $\mathcal{O}$ keine Karte gemein hat. Wir definieren nun $-\mathcal{O} := \mathcal{O}'$. - Natürlich ist $-(-\mathcal{O}) = \mathcal{O}$.

Bemerkung: Ist $\tau: T \to M$ eine Karte von M mit zusammenhängendem Kartenblatt T, so liegt entweder $\tau$ oder $\tau'$ in $\mathcal{O}$. Zum Beweis definieren wir eine Funktion $s: \tau(T) \to \{+1,-1\}$ folgendermaßen: es sei x ein Punkt von $\tau(T)$, also $x = \tau(t)$ mit $t \in T$; in $\mathcal{O}$ existiert eine x überdeckende Karte $\tilde{\tau}: \tilde{T} \to M$ von M; nun sei $s(x) := \operatorname{sgn} D\varphi^{\tilde{\tau}\tau}(t)$. Dann ist s eindeutig definiert zufolge 4.4,(6) und stetig. Da $\tau(T)$ zusammenhängend ist, folgt $s \equiv +1$ oder $s \equiv -1$. Ersteres ist äquivalent mit $\tau \in \mathcal{O}$, letzteres mit $\tau' \in \mathcal{O}$.

*Aufgaben.*

1. Im Beispiel 1 in 7.1 ist $-\mathcal{O}_G^+ = \mathcal{O}_G^-$.

2. Ist die n-Mannigfaltigkeit M die Vereinigung von k paarweise fremden zusammenhängenden, orientierbaren n-Mannigfaltigkeiten, so ist auch M orientierbar und besitzt genau $2^k$ Orientierungen.

**7.3** Ist $\mathfrak{V}$ ein beliebiger n-dimensionaler Vektorraum über $\mathbb{R}$, so seien zwei geordnete Basen von $\mathfrak{V}$ äquivalent genannt, wenn die lineare Transformation der einen in die andere eine positive Determinante hat. Durch diese Äquivalenzrelation wird die Menge aller geordneten Basen von $\mathfrak{V}$ in zwei Äquivalenzklassen zerlegt.

Nun sei $(M,\mathfrak{O})$ eine zusammenhängende, orientierte n-Mannigfaltigkeit im $E^m$. Weiter sei x ein Punkt von M und $\mathfrak{V}$ der Tangentialraum $\mathfrak{T}_x M$ an M in x. Ist $\tau: T \to M$ eine in $\mathfrak{O}$ enthaltene Karte von M, die den Punkt x überdeckt, $x = \tau(t)$ mit $t \in T$, so sei $\mathfrak{O}_x$ diejenige Klasse von $\mathfrak{V}$, die die Basis $D\tau(t)$ von $\mathfrak{V}$ enthält (vgl. 6.2). Ist $\tilde{\tau}$ eine zweite derartige Karte von M, so liefert sie wegen $\det D\varphi^{\tilde{\tau}\tau}(t) > 0$ dieselbe Klasse $\mathfrak{O}_x$ von $\mathfrak{V}$. Ist hingegen $\tilde{\tau}$ eine x überdeckende Karte der Orientierung $-\mathfrak{O}$ von M, so ist $\det D\varphi^{\tilde{\tau}\tau}(t) < 0$; weil aber die Basis $D\tilde{\tau}(t)$ von $\mathfrak{V}$ sich in die Basis $D\tau(t)$ nach der Kettenregel linear mit der Matrix $D\varphi^{\tilde{\tau}\tau}(t)$ transformiert, liegt $D\tilde{\tau}(t)$ nicht in der Klasse $\mathfrak{O}_x$, sondern in der Klasse $\tilde{\mathfrak{O}}_x \neq \mathfrak{O}_x$ von $\mathfrak{V}$. Die Orientierung $\mathfrak{O}$ von M legt also für jeden Punkt x von M im Tangentialraum $\mathfrak{V} = \mathfrak{T}_x M$ eine Klasse $\mathfrak{O}_x$ fest, und dann die Orientierung $-\mathfrak{O}$ von M die andere Klasse. Es ist daher gerechtfertigt, zu sagen, jede in $\mathfrak{O}_x$ liegende, geordnete Basis $\mathfrak{b}$ von $\mathfrak{T}_x M$ (d.h. also jedes geordnete n-Tupel unabhängiger Tangentenvektoren an M in x, das in $\mathfrak{O}_x$ liegt) *repräsentiere* die Orientierung $\mathfrak{O}$ von M. Für jede Karte $\tau: T \to M$ aus $\mathfrak{O}$ und jeden Punkt $t \in T$ repräsentiert also das n-Tupel der Tangentenvektoren $D_1\tau,\ldots,D_n\tau$ an M in $x = \tau(t)$ die Orientierung $\mathfrak{O}$ von M. [15)]

*Aufgabe.*

Sei G eine nichtleere, zusammenhängende, offene Menge des $E^n$ und x ein Punkt von G. Ein geordnetes n-Tupel $\mathfrak{b} = (v_1,\ldots,v_n)$ unabhängiger Vektoren aus $\mathfrak{V}_x = \mathfrak{V}_x E^n$ repräsentiert die Orientierung $\mathcal{O}_G^+$ bzw. $\mathcal{O}_G^-$ von G, wenn det $\mathfrak{b}$ (d.h. die Determinante der Koordinaten der $v_i$) positiv bzw. negativ ist.

## § 8. Stellungscosinus einer orientierten Mannigfaltigkeit

Der elementare Begriff der Richtungscosinus einer orientierten Kurve läßt sich (unter dem Namen Stellungscosinus) auf orientierte n-Mannigfaltigkeiten ausdehnen.

**8.1** Es sei $(M,\mathcal{O})$ eine orientierte n-Mannigfaltigkeit im $E^m$. Ist nun x ein beliebiger Punkt von $\hat{M}$ und $(\mu_1,\ldots,\mu_n)$ ein geordnetes n-Tupel natürlicher Zahlen $\mu_k \leq m$, so definieren wir mittels einer Karte $\tau: T \to \hat{M}$ von $\hat{M}$ mit $\tau_+ \in \mathcal{O}$ und $x = \tau(t)$, $t \in T$:

$$c_{\mu_1,\ldots,\mu_n}(x) := \tag{1}$$
$$\frac{1}{\sqrt{g(t)}} \cdot \det(D_i\tau_{\mu_k}(t))_{i,k=1,\ldots,n} .$$

Ist $\tilde{\tau}: \tilde{M} \to \hat{M}$ eine zweite derartige Karte von $\hat{M}$ und bezeichnen wir mit $\tilde{c}_{\mu_1,\ldots,\mu_n}(x)$ die mittels $\tilde{\tau}$ analog zu (1) definierten Zahlen, so folgt aus 4.2,(4) und 5.1,(3):

$$c_{\mu_1,\ldots,\mu_n}(x) = \tilde{c}_{\mu_1,\ldots,\mu_n}(x).$$

Die Zahlen $c_{\mu_1,\ldots,\mu_n}(x)$ sind also von der zu ihrer Definition benutzten Karte $\tau$ unabhängig.

Wir haben damit $m^n$ $C^1$-Funktionen $c_{\mu_1,\ldots,\mu_n} : \hat{M} \to \mathbb{R}$ definiert. Aus (1) folgt unmittelbar:

$$\sum_{1\leq\mu_1<\ldots<\mu_n\leq m} c^2_{\mu_1,\ldots,\mu_n} = 1, \tag{2}$$

(3) $$c_{\mu_{\pi 1},\ldots,\mu_{\pi n}} = \operatorname{sgn}\pi \cdot c_{\mu_1,\ldots,\mu_n} \quad \text{für alle } \pi \in \mathfrak{S}_n .$$ 16)

DEFINITION. Die $\binom{m}{n}$ Zahlen $c_{\mu_1,\ldots,\mu_n}(x)$ mit $1 \leq \mu_1 < \ldots < \mu_n \leq m$ heißen die *Stellungscosinus* von $(M,\mathfrak{O})$ im Punkt $x \in \widehat{M}$.

Ist M linear, so ist jedes $c_{\mu_1,\ldots,\mu_n}$ konstant. Ist $n = m$, also M eine (positiv) orientierte, offene Menge G des $E^n$, so ist der (einzige) Stellungscosinus $c_{1,\ldots,n}$ von M konstant = 1.

Aus der Definition der Orientierung $-\mathfrak{O}$ in 7.2 folgt noch

(4) beim Übergang zur Orientierung $-\mathfrak{O}$ multiplizieren sich alle $c_{\mu_1,\ldots,\mu_n}(x)$ mit -1.

*Aufgaben.*

1. Sei P das durch die n Tangentialvektoren $D_i\tau(t)$, $i = 1,\ldots,n$, an M in $x = \tau(t)$ aufgespannte n-dimensionale Parallelotop. Für $1 \leq \mu_1 < \ldots < \mu_n \leq m$ sei E' der n-dimensionale Faktorraum des $E^m$ mit den Koordinaten $x_{\mu_1},\ldots,x_{\mu_n}$ und P' die Projektion von P in E'. Dann gilt für die Volumina $\lambda^n(P)$ und $\lambda^n(P')$ von P und P' die Gleichung $|c_{\mu_1,\ldots,\mu_n}(x)|\cdot\lambda^n(P) = \lambda^n(P')$.

2. Zwei orientierte, lineare, n-dimensionale Mannigfaltigkeiten $(L,\mathfrak{O})$ und $(L',\mathfrak{O}')$ im $E^m$ haben dieselben Stellungscosinus genau dann, wenn $(L,\mathfrak{O})$ durch eine Parallelverschiebung in $(L',\mathfrak{O}')$ übergeführt werden kann.

**8.2** Wir betrachten nun noch die Stellungscosinus in zwei Spezialfällen.

Erstens sei $(K,\mathfrak{O})$ eine orientierte Kurve im $E^m$ (also $n = 1$). Für die Stellungscosinus $c_1(x),\ldots,c_n(x)$ von $(K,\mathfrak{O})$ im Punkt $x = \tau(t)$ von $\widehat{K}$ gilt dann:

$$c_\mu(x) = D\tau_\mu(t) \Big/ \sqrt{(D\tau_1(t))^2 + \ldots + (D\tau_m(t))^2} .$$

Folglich sind $c_1(x),\dots,c_m(x)$ die elementaren Richtungscosinus der Kurve im Punkt x und der Vektor

$$\mathfrak{t}(x) := (c_1(x),\dots,c_m(x))$$

in x ist der Tangenteneinheitsvektor an K im Punkt $x \in \hat{K}$ "in Richtung der Orientierung $\sigma$".

Zweitens sei $(H,\sigma)$ eine orientierte Hyperfläche im $E^{n+1}$ (also $m = n+1$). In jedem Punkt x von $\hat{H}$ definieren wir für jedes $\mu = 1,\dots,n+1$

$$(5) \qquad \mathfrak{n}_\mu(x) := (-1)^{\mu-1}\, c_{1,\dots,\hat{\mu},\dots,n+1}.$$ [17)]

Wegen 8.1,(2) ist der Vektor

$$\mathfrak{n}(x) := (\mathfrak{n}_1(x),\dots,\mathfrak{n}_{n+1}(x))$$

in x ein Einheitsvektor. Er ist außerdem ein Normalenvektor von H in x. Denn wegen 8.1,(1) folgt durch Laplace-Entwicklung der Determinante mit den Zeilenvektoren $D_i\tau(t),D_1\tau(t),\dots,D_n\tau(t)$ nach der ersten Zeile die Gleichung $\sum_{\mu=1}^{n+1} D_i\tau_\mu(t)\cdot\mathfrak{n}_\mu(x) = o$ $(i = 1,\dots,n)$; der Vektor $\mathfrak{n}(x)$ ist also zu den Tangentenvektoren $D_i\tau(t)$ an $\hat{H}$ in x orthogonal. Schließlich ist $\det(\mathfrak{n},D_1\tau,\dots,D_n\tau) = +1$.

*Aufgabe.*

Ist eine Hyperfläche H im $E^{n+1}$ orientierbar, so gehört nach dem Bewiesenen zu jeder Orientierung $\sigma$ von H ein stetiges Feld $\mathfrak{n}$ von Normaleneinheitsvektoren auf H. Hiervon gilt auch die Umkehrung und damit folgendes Kriterium: eine Hyperfläche H im $E^{n+1}$ ist genau dann orientierbar, wenn auf H ein stetiges Feld $\mathfrak{n}$ von Normaleneinheitsvektoren existiert. (Ist H überdies zusammenhängend, so entsprechen den beiden Orientierungen $\sigma$ und $-\sigma$ die beiden stetigen Normaleneinheitsvektorfelder $\mathfrak{n}$ und $-\mathfrak{n}$. Diese beiden Felder liegen auf den "zwei Seiten" von H. Eine zusammenhängende Hyperfläche H im $E^{n+1}$ ist genau dann orientierbar, wenn sie "zweiseitig" ist.)

# § 9. Orientierung des Randes

**9.1** Im $E^m$ liege eine orientierte n-Mannigfaltigkeit $(M,\mathcal{O})$ vor; der Rand $\partial M$ von M sei nichtleer: $\partial M \neq \emptyset$. Dann gilt folgender

SATZ. $\partial M$ *ist orientierbar.*

BEWEIS. Zunächst sei n = 1 (also M eine Kurve). Sei x ein Punkt von $\partial M$. Dann existiert eine Karte $\tau$: $[o,1[ \to \hat{M}$ mit $\tau(o) = x$. Liegt $\tau_+$ in $\mathcal{O}$, so sei $\mathcal{O}_o(x) := +1$; anderenfalls liegt $\tau$ in $-\mathcal{O}$, dann sei $\mathcal{O}_o(x) := -1$. Die hiermit definierte Abbildung $\mathcal{O}_o$: $\partial M \to \{-1,+1\}$ ist die gesuchte Orientierung $\mathcal{O}_o$. - Nun sei $2 \leq n \leq m$. Jeder Punkt x von $\partial M$ wird überdeckt durch (mindestens) eine Karte $\hat{\tau}$: $\hat{T} \to \hat{M}$ von $\hat{M}$; sei $x = \hat{\tau}(t)$ mit $t \in \hat{T}_o$. Wegen 3.2,(1) existiert eine offene Kugel K des $\mathbb{R}^n$ mit dem Mittelpunkt t und mit $K \cap H^n \subset \hat{T}$. Die Restriktion von $\hat{\tau}$ auf $T := K \cap H^n$ ist eine Karte $\tau$: $T \to \hat{M}$ von $\hat{M}$ mit folgenden zwei Eigenschaften: (*) $x \in \tau(T_o)$; $T_+$ zusammenhängend. Ihr Spiegelbild $\tau'$ an $\{t: t_1 = o\}$ (vgl. 7.2) hat dann ebenfalls die Eigenschaften (*). Nach der Bemerkung in 7.2 liegt $\tau_+$ oder $\tau'_+$ in $\mathcal{O}$. Also gilt: jeder Punkt x von $\partial M$ wird überdeckt durch eine Karte $\tau$: $T \to \hat{M}$ von $\hat{M}$ mit $\tau_+ \in \mathcal{O}$. Ist dabei $x = \tau(t)$, so ist $t \in T_o$, also $T_o \neq \emptyset$. Sei nun $\{\tau^j: T^j \to \hat{M}\}_{j \in I}$ die Familie aller Karten von $\hat{M}$ mit $T^j_o \neq \emptyset$ und $\tau^j_+ \in \mathcal{O}$. Dann ist also $\{\tau^j_o: T^j_o \to \partial M\}_{j \in I}$ ein Atlas von $\partial M$ mit $\tau^j_+ \in \mathcal{O}$ für alle $j \in I$. Aus 4.3,(5) folgt nun, daß dieser Atlas von $\partial M$ einheitlich, also $\partial M$ orientierbar ist. Die diesen Atlas von $\partial M$ enthaltende Orientierung von $\partial M$ heiße $\mathcal{O}_o$. ⌋

Betrachten wir die Orientierung $\mathcal{O}$ von M auch als eine Orientierung von $\hat{M}$, so können wir die soeben konstruierte Orientierung $\mathcal{O}_o$ von $\partial M$ ansehen als die Restriktion von $\mathcal{O}$ auf $\partial M$. Die Orientierung $\mathcal{O}_o$ ist nun aber noch nicht die Orientierung von $\partial M$, auf die es uns ankommt.

Diese wird vielmehr geliefert durch die folgende

DEFINITION. $\partial\mathcal{O} := (-1)^n \mathcal{O}_o$ heiße die durch $\mathcal{O}$ *induzierte Orientierung* von $\partial M$.

Der Faktor $(-1)^n$ mutet zunächst als recht willkürlich an. Er wird sich jedoch als sehr zweckmäßig erweisen.[18)] - Man beachte: n ist die Dimension von M, nicht die von $\partial M$ !

Verabredung: Ist im folgenden von einer orientierten n-Mannigfaltigkeit $(M,\mathcal{O})$ die Rede, so betrachten wir ihren Rand $\partial M$, falls $\neq \emptyset$, immer als mit der induzierten Orientierung $\partial\mathcal{O}$ versehen.

*Beispiele.*

1. Sei G die rechte bzw. linke Halbgerade des $E^1$. Die positive Orientierung $\mathcal{O}_G^+$ von G induziert im Rand $\partial G = \{o\}$ die Orientierung $o \mapsto -1$ bzw. $o \mapsto +1$.

2. Sei G der obere bzw. untere Halbraum $\{x: x_n > o\}$ bzw. $\{x: x_n < o\}$ des $E^n$. Die positive Orientierung $\mathcal{O}_G^+$ von G induziert im Rand $\partial G = \{x: x_n = o\} = E^{n-1}$ die Orientierung $(-1)^n \mathcal{O}^+_{E^{n-1}}$ bzw. $(-1)^{n+1} \mathcal{O}^+_{E^{n-1}}$.

**9.2** Es sei G eine beschränkte, offene Menge des $E^n$ mit nichtleerem Rand $\partial G$. Die positive Orientierung $\mathcal{O}_G^+$ von G (vgl. 7.1, Beispiel 1) induziert nach 9.1 eine Orientierung von $\partial G$; wir bezeichnen sie mit $\mathcal{O}^+_{\partial G}$ und nennen sie die positive Orientierung von $\partial G$.

Geometrisch können wir diese Orientierung $\mathcal{O}^+_{\partial G}$ auf folgende zwei Arten kennzeichnen.

a) Es sei x ein Punkt von $\partial G$. Weiter sei $\mathfrak{b} = (v_1,\ldots,v_n)$ ein geordnetes n-Tupel von Vektoren in x mit folgenden drei Eigenschaften: 1) det $\mathfrak{b} > 0$; 2) $v_2,\dots,v_n$ sind Tangentenvektoren an $\partial G$ in x; 3) $v_1$ weist ins Äußere von G (d.h. ist $[x,y]$ die Strecke des $E^n$ mit $(y_1-x_1,\dots,y_n-x_n) = v_1$, so liegen alle zu x hinreichend benachbarten Punkte $\neq$ x von $[x,y]$ in $E^n \setminus \bar{G}$). Im Sinne von 7.3 repräsentiert dann das (n-1)-Tupel $(v_2,\dots,v_n)$ die Orientierung $\mathcal{O}^+_{\partial G}$.

b) Bezüglich der Orientierung $\mathcal{O}^+_{\partial G}$ von $\partial G$ ist in jedem Punkt x von $\partial G$ der Normaleneinheitsvektor $\mathfrak{n}(x)$ von $\partial G$ definiert (vgl. 8.2). Wir behaupten, daß $\mathfrak{n}(x)$ ins Äußere von G weist. Zum Beweis wählen wir eine x überdeckende Karte $\tau\colon T \to \hat{G}$ von $\hat{G}$ folgendermaßen: ist t der Punkt von $T_o$ mit $x = \tau(t)$, so ist die Jacobische Matrix von $\tau$ im Punkt t orthogonal und ihre Determinante = +1. (Ist $\tilde{\tau}$ eine beliebige x überdeckende Karte von $\hat{G}$, so ist bei passend gewählter linearer Abbildung $\alpha$ des $\mathbb{R}^n$ auf sich die Abbildung $\tilde{\tau} \circ \alpha$ eine Karte $\tau$ von G, die das Verlangte leistet.) Dann ist die Karte $\tau_+$ von G ein Element von $\mathcal{O}^+_G$ und die Karte $\tau_o$ von $\partial G$ ein Element von $(-1)^n\mathcal{O}^+_{\partial G}$. Eine kurze Rechnung ergibt $\mathfrak{n}(x) = -D_n\tau(t)$. Dieser Vektor in x weist ins Äußere von G. ⌋

Es folgt noch, daß der zur Orientierung $\mathcal{O}^-_{\partial G} := -\mathcal{O}^+_{\partial G}$ gehörige Normaleneinheitsvektor, also der Vektor $-\mathfrak{n}(x)$, ins Innere von G weist.

*Beispiele.*

1. Nach a) ist die positive Orientierung des Kreises $S^1$ die "mathematisch positive" Durchlaufungsrichtung von $S^1$. Ebenfalls nach a) ist die positive Orientierung der Sphäre $S^2$ dem Uhrzeigersinn entgegengesetzt (wobei die Uhr, etwa im Nordpol, auf die $S^2$ mit dem Zifferblatt nach oben zu legen ist).

2. Die *n-Sphäre* $S = S^n := \{x\colon x_1^2 + \dots + x_{n+1}^2 = 1\}$ im $E^{n+1}$ hat die folgende Parameterdarstellung:

$$
x_1 = \cos t_1 \cos t_2 \dots \cos t_n
$$
$$
x_2 = \sin t_1 \cos t_2 \dots \cos t_n
$$
$$
(1) \qquad x_3 = \sin t_2 \dots \cos t_n \qquad (t \in E^n)
$$
$$
\dots\dots\dots\dots
$$
$$
x_{n+1} = \sin t_n \quad .
$$

Sei T die Menge aller Punkte $t = (t_1,\dots,t_n)$ des Parameterraumes $\mathbb{R}^n$ mit $-\pi/2 < t_k < \pi/2$ für $k = 1,\dots,n$. Dann ist die durch (1) definierte Abbildung $\tau$: T → S eine Karte von S (mit $J(t) = \sqrt{g(t)} = \Pi \cos^{k-1} t_k$); $\tau(T)$ ist die Halbsphäre $\{x \in S\colon x_1 > o\}$. Für jede Drehung $\rho$ des $E^{n+1}$ um den Koordinatenursprung ist $\rho \circ \tau$ ebenfalls eine Karte von S. Diese Karten überdecken S. Also ist S eine n-Mannigfaltigkeit. - Ist $K = K^{n+1}$ die offene, (n+1)-dimensionale Einheitskugel $\{x\colon x_1^2 + \dots + x_{n+1}^2 < 1\}$ im $E^{n+1}$, so ist $S = \overline{K} \setminus K$. Nach 3.7 ist daher $S = \partial K$. Da K als offene Menge des $E^{n+1}$ orientierbar ist, folgt nach 9.1: die $S^n$ ist orientierbar. - Die positive Orientierung $\mathcal{O}_K^+$ der Kugel K induziert nach 9.2 die positive Orientierung $\mathcal{O}_S^+$ von S. Wir behaupten: die Karten $\rho \circ \tau$ liegen in $\mathcal{O}_S^+$ (womit die positive Orientierung $\mathcal{O}_S^+$ von S explizit angegeben ist). Es genügt, zu zeigen: $\tau \in \mathcal{O}_S^+$. Sei $\mathfrak{n}(x^o)$ der nach 8.2 zur Karte $\tau$ gehörige Normaleneinheitsvektor von S im Punkt $x^o = (1,o,\dots,o)$. Die Berechnung ergibt: $\mathfrak{n}(x^o) = (1,o,\dots,o)$. Dieser Vektor in $x^o$ ist ins Äußere von K gerichtet. Nach b) gilt folglich $\tau \in \mathcal{O}_S^+$.

## § 10. Abbildungen von Mannigfaltigkeiten

Wir wollen nun noch solche Abbildungen von n-Mannigfaltigkeiten einführen, die unseren bisherigen Begriffen angemessen sind.

**10.1** Gegeben sei erstens eine n-Mannigfaltigkeit M im $E^m$ und eine

Teilmenge U von $\widehat{M}$, offen in $\widehat{M}$; zweitens eine $\dot{n}$-Mannigfaltigkeit $\dot{M}$ im $E^{\dot{m}}$ und eine Teilmenge $\dot{U}$ von $\widehat{\dot{M}}$, offen in $\widehat{\dot{M}}$; drittens eine Abbildung $\Psi: \dot{U} \to U$.

Unserer Absicht, zu definieren, wann $\Psi$ eine $C^2$-Abbildung heißen soll, stellt sich folgende Schwierigkeit entgegen. Die Komponenten $\Psi_1,\ldots,\Psi_{\dot{m}}$ von $\Psi$ sind Funktionen nur auf $\dot{U} \subset \widehat{\dot{M}}$, also nicht auf einer offenen Menge des $E^{\dot{m}}$; daher sind die partiellen Ableitungen der $\Psi_1,\ldots,\Psi_{\dot{m}}$ nach den Koordinaten $\dot{x}_1,\ldots,\dot{x}_{\dot{m}}$ nicht definiert. Wir können diese Schwierigkeit auf dem Umweg über die Karten in folgender Weise umgehen.

Die Abbildung $\Psi$ sei stetig. Ist $\tau: T \to \widehat{M}$ eine Karte von $\widehat{M}$ und $\dot{\tau}: \dot{T} \to \widehat{\dot{M}}$ eine Karte von $\widehat{\dot{M}}$, so sei $\psi^{\tau\dot{\tau}} := \tau^{-1} \circ \Psi \circ \dot{\tau}$. Diese Abbildungen $\psi^{\tau\dot{\tau}}$ stellen die Abbildung $\Psi$ lokal dar. Nun ist $\tau(T)$ offen in $\widehat{M}$ nach 3.1,(3); also ist $\Psi^{-1}(\tau(T))$ offen in $\widehat{\dot{M}}$, weil $\Psi$ stetig ist; folglich ist $\dot{\tau}^{-1}(\Psi^{-1}(\tau(T)))$ offen im Halbraum $H^{\dot{n}}$ nach 3.1,(3) mit $\dot{\tau}$ statt $\tau$. Die letztere Menge ist aber der Definitionsbereich von $\psi^{\tau\dot{\tau}}$. Ist er nichtleer (m.a.W. $\psi^{\tau\dot{\tau}}$ nichtleer), so dürfen wir also fordern, daß $\psi^{\tau\dot{\tau}}$ eine $C^2$-Abbildung ist (im üblichen Sinne [2)]). Wir können somit folgendermaßen definieren.

DEFINITION. Die Abbildung $\Psi: \dot{U} \to U$ heiße eine $C^2$-*Abbildung,* wenn sie stetig ist und für jede Karte $\tau: T \to \widehat{M}$ von $\widehat{M}$ und jede Karte $\dot{\tau}: \dot{T} \to \widehat{\dot{M}}$ von $\widehat{\dot{M}}$ die Abbildung $\psi^{\tau\dot{\tau}}$, falls nichtleer, eine $C^2$-Abbildung ist.

Sind $\dot{\Psi}: \ddot{U} \to \dot{U}$ und $\Psi: \dot{U} \to U$ zwei $C^2$-Abbildungen im Sinne dieser Definition, so auch die Abbildung $\Psi \circ \dot{\Psi} : \ddot{U} \to U$.

*Beispiele.*

1. Ist $\Phi$ eine $C^2$-Abbildung (im üblichen Sinn) einer offenen Menge $\dot{G} \supset \dot{M}$ des $E^{\dot{m}}$ in den $E^m$ mit $\Phi(\hat{\dot{M}}) \subset M$, so ist die Restriktion $\Psi\colon \hat{\dot{M}} \to M$ von $\Phi$ auf $\hat{\dot{M}}$ eine $C^2$-Abbildung im Sinne der vorstehenden Definition (man beachte das Korollar 1 in 2.2).

2. Eine Abbildung einer offenen Menge $\dot{G}$ des $E^{\dot{m}}$ in oder auf den $E^m$ ist eine $C^2$-Abbildung im Sinne der vorstehenden Definition genau dann, wenn sie eine $C^2$-Abbildung im üblichen Sinne ist.

3. Ist M eine n-Mannigfaltigkeit im $E^m$, so ist jede Karte von $\hat{M}$ eine $C^2$-Abbildung auch im Sinne der vorstehenden Definition.

*Aufgabe.*

Eine stetige Abbildung $\Psi\colon \dot{U} \to U$ ist eine $C^2$-Abbildung, wenn eine U überdeckende Familie von Karten $\tau$ von $\hat{M}$ und eine $\dot{U}$ überdeckende Familie von Karten $\dot{\tau}$ von $\hat{\dot{M}}$ derart existieren, daß für jede Karte $\tau$ und jede Karte $\dot{\tau}$ die Abbildung $\psi^{\tau\dot{\tau}}$, falls nichtleer, eine $C^2$-Abbildung ist.

**10.2** Es liege wieder die Situation von 10.1 vor.

DEFINITION. Ist $\Psi$ eine Bijektion von $\dot{U}$ auf U und sowohl $\Psi$ als auch $\Psi^{-1}$ eine $C^2$-Abbildung, so heiße $\Psi$ ein $C^2$-*Diffeomorphismus* von $\dot{U}$ auf U.

Dies ist genau dann der Fall, wenn für jede Karte $\dot{\tau}\colon \dot{T} \to \dot{U}$ von $\dot{U}$ die Abbildung $\tau := \Psi \circ \dot{\tau} : \dot{T} \to U$ eine Karte von U und für jede Karte $\tau\colon T \to U$ von U die Abbildung $\dot{\tau} := \Psi^{-1} \circ \tau : T \to \dot{U}$ eine Karte von

von $\dot{U}$ ist. (Es folgt $\dot{n} = n$.)

Ist $\Psi$: $\hat{M} \to \hat{M}$ ein $C^2$-Diffeomorphismus von $\hat{M}$ auf $\hat{M}$, so ist die Restriktion von $\Psi$ auf $\dot{M}$ ein $C^2$-Diffeomorphismus von $\dot{M}$ auf M und die Restriktion von $\Psi$ auf $\partial\dot{M}$ ein $C^2$-Diffeomorphismus von $\partial\dot{M}$ auf $\partial M$.

Sei $\Psi: \dot{M} \to M$ ein $C^2$-Diffeomorphismus von $\dot{M}$ auf M und $\dot{M}$ orientierbar, $\dot{\mathcal{O}}$ eine Orientierung von $\dot{M}$. Sind dann $\dot{\tau}$ und $\tilde{\dot{\tau}}$ zwei Karten aus $\dot{\mathcal{O}}$, so sind $\dot{\tau}$ und $\tilde{\dot{\tau}}$ verträglich. Dann sind aber auch die Karten $\tau = \Psi \circ \dot{\tau}$ und $\tilde{\tau} = \Psi \circ \tilde{\dot{\tau}}$ von M verträglich; denn es ist $\varphi^{\tau\tilde{\tau}} = \varphi^{\dot{\tau}\tilde{\dot{\tau}}}$. Folglich ist auch M orientierbar; wir bezeichnen mit $\Psi(\dot{\mathcal{O}})$ die Orientierung von M, bestehend aus allen Karten $\tau = \Psi \circ \dot{\tau}$ mit $\dot{\tau} \in \dot{\mathcal{O}}$.

**10.3** Schließlich definieren wir für einen $C^2$-Diffeomorphismus $\Psi$: $\dot{U} \to U$ noch eine Funktion $J_\Psi$: $\dot{U} \to \mathbb{R}$, die später eine Rolle spielen wird. Sei $\dot{x}$ ein Punkt von $\dot{U}$. Ist $\dot{\tau}$: $T \to \dot{U}$ eine $\dot{x}$ überdeckende Karte von $\dot{U}$, also $\dot{x} = \dot{\tau}(t)$ für ein $t \in T$, und sind $\dot{J}$ und J die Jacobischen Funktionen, $\dot{g}$ und g die Gramschen Determinanten von $\dot{\tau}$ und $\tau := \Psi \circ \dot{\tau}$, so sei

$$J_\Psi(\dot{x}) := J(t)/\dot{J}(t) = \sqrt{g(t)}/\sqrt{\dot{g}(t)}.$$

Diese Definition ist unabhängig von der Karte $\dot{\tau}$ wegen §5,(3).

*Beispiele.*

1. Ist M eine n-Mannigfaltigkeit im $E^m$ mit globaler Karte $\tau$: $T \to M$, so ist $\tau$ ein $C^2$-Diffeomorphismus der n-Mannigfaltigkeit T auf M und es ist $J_\tau = \sqrt{g}$.

2. Es seien $\dot{U}$ und U zwei nichtleere, offene Mengen des $E^n$ und $\Psi$ ein $C^2$-Diffeomorphismus von $\dot{U}$ auf U im üblichen Sinne [8]. Dann ist $\Psi$ ein $C^2$-Diffeomorphismus auch im Sinne von 10.2 und $J_\Psi = |\det D\Psi|$.

# II. Alternierende Differentialformen

## § 11. Vorbereitungen

**11.1** Wir gehen aus von der folgenden, wohlbekannten Definition aus der Linearen Algebra.

Es liege ein Vektorraum $\mathfrak{V}$ über $\mathbb{R}$ vor. Für jedes natürliche p sei $\mathfrak{V}^p$ die p-te cartesische Potenz der Menge $\mathfrak{V}$, also $\mathfrak{V}^p$ die Menge aller geordneten p-Tupel $(v_1,\ldots,v_p)$ von Vektoren $v_\mu$ aus $\mathfrak{V}$.

DEFINITION. Eine Funktion $\omega\colon \mathfrak{V}^p \to \mathbb{R}$ heiße eine Multilinearform vom Grade p oder kurz eine *p-fache Linearform* auf $\mathfrak{V}$ (p = 1: Linearform; p = 2: Bilinearform), wenn sie auf jedem Faktor $\mathfrak{V}$ von $\mathfrak{V}^p$ linear ist; wenn m.a.W. für $c,\bar{c} \in \mathbb{R}$ und jedes $\mu = 1,\ldots,p$ gilt:

(1) $$\omega(v_1,\ldots,cv_\mu+\bar{c}\bar{v}_\mu,\ldots,v_p) = c\omega(v_1,\ldots,v_\mu,\ldots,v_p) + \bar{c}\omega(v_1,\ldots,\bar{v}_\mu,\ldots,v_p).$$

$\omega$ heiße *alternierend*, wenn für alle $\pi \in \mathfrak{T}_p$ gilt: 19)

(2) $$\omega(v_{\pi 1},\ldots,v_{\pi p}) = \operatorname{sgn}\pi \cdot \omega(v_1,\ldots,v_p).$$

Jede reelle Zahl a heiße eine *alternierende*, o-*fache Linearform* auf $\mathfrak{V}$.

Für p = 1 ist (2) keine Einschränkung; jede Linearform ist daher alternierend. Aus (1) und (2) folgt: sind $v_1,\ldots,v_p$ linear abhängig, so ist $\omega(v_1,\ldots,v_p) = o$.

Wir bezeichnen für jedes $p = o,1,\ldots$ mit $\Omega^p$ den Vektorraum über $\mathbb{R}$ aller alternierenden, p-fachen Linearformen.

Wichtig sind für uns die folgenden speziellen alternierenden, p-fachen Linearformen auf $\mathfrak{V}$. Es sei $(v_\mu^o)_{\mu\in I}$ eine Basis von $\mathfrak{V}$. Jeder Vektor $v \in \mathfrak{V}$ kann dann in der Gestalt $v = \sum_{\mu\in I} x_\mu v_\mu^o$ geschrieben werden ($x_\mu \in \mathbb{R}$; $x_\mu \neq o$ für höchstens endlich viele $\mu \in I$); für $v_i \in \mathfrak{V}$, $i = 1,\ldots,p$ schreiben wir analog $v_i = \sum_{\mu\in I} x_{i\mu} v_\mu^o$. Für jedes $\mu \in I$ ist dann $v \mapsto x_\mu$ eine Linearform auf $\mathfrak{V}$; wir bezeichnen sie mit $\omega_\mu$. Für jedes geordnete p-Tupel $(\mu_1,\ldots,\mu_p)$ von Indizes $\mu_k \in I$ ist weiterhin $(v_1,\ldots,v_p) \mapsto \det(x_{i\mu_k})_{i,k=1,\ldots,p}$ eine alternierende, p-fache Linearform auf $\mathfrak{V}$; wir bezeichnen sie mit $\omega_{\mu_1,\ldots,\mu_p}$.

**11.2** Um jede alternierende Multilinearform durch Linearformen $\omega_\mu$ ausdrücken zu können (vgl. 11.4,(12)) ziehen wir die alternierende Multiplikation zweier alternierender Multilinearformen gleichen oder verschiedenen Grades heran. Es seien also ein $\omega \in \Omega^p$ und ein $\bar{\omega} \in \Omega^q$ gegeben. Das zu definierende Produkt werde mit $\omega \wedge \bar{\omega}$ bezeichnet. Es soll $\omega \wedge \bar{\omega} \in \Omega^{p+q}$, also $\omega \wedge \bar{\omega}$ eine alternierende, (p+q)-fache Linearform auf $\mathfrak{V}$ sein. Wir gehen aus vom "Tensorprodukt" $\omega \otimes \bar{\omega}$, definiert durch

$$(\omega \otimes \bar{\omega})(v_1,\ldots,v_{p+q}) :=$$
$$\omega(v_1,\ldots,v_p) \cdot \bar{\omega}(v_{p+1},\ldots,v_{p+q}),$$

(Ist $p = o$, also $\omega$ eine Konstante, so ist $\omega(v_1,\ldots,v_p)$ zu lesen als $\omega$; ist $q = o$, so $\bar{\omega}(v_{p+1},\ldots,v_{p+q})$ analog als $\bar{\omega}$; ist $p = q = o$, so ist die Gleichung zu lesen als $\omega \otimes \bar{\omega} := \omega \cdot \bar{\omega}$.) Das Tensorprodukt ist zwar eine (p+q)-fache Linearform auf $\mathfrak{V}$. Sie ist aber nicht alternierend. Dieser Mangel ist jedoch leicht zu beheben:

DEFINITION. Als das *alternierende Produkt* von $\omega$ und $\bar{\omega}$ bezeichnen wir die alternierende, (p+q)-fache Linearform $\omega \wedge \bar{\omega}$ auf $\mathfrak{V}$, definiert durch

$$(3)\qquad \begin{aligned}&(\omega \wedge \bar{\omega})(v_1,\ldots,v_{p+q}) := \\ &\frac{1}{p!q!}\sum_{\pi} \operatorname{sgn}\pi \cdot (\omega \otimes \bar{\omega})(v_{\pi 1},\ldots,v_{\pi(p+q)}). \qquad (\pi \in \mathfrak{S}_{p+q})\end{aligned}$$

Ist p = o oder q = o (oder beides), so bedeutet dies:

$$(3_o)\qquad \omega \wedge \bar{\omega} = \omega \cdot \bar{\omega}.$$

Man nennt das alternierende Produkt auch das äußere oder das Grassmannsche Produkt.

Aus (3) und ($3_o$) folgen die beiden *Distributivgesetze*

$$(4)\qquad \begin{aligned}&\omega \wedge (\bar{\omega} + \bar{\omega}') = (\omega \wedge \bar{\omega}) + (\omega \wedge \bar{\omega}'),\\ &(\omega + \omega') \wedge \bar{\omega} = (\omega \wedge \bar{\omega}) + (\omega' \wedge \bar{\omega})\end{aligned}$$

und das *Vertauschungsgesetz*

$$(5)\qquad \omega \wedge \bar{\omega} = (-1)^{pq}(\bar{\omega} \wedge \omega)$$

(das alternierende Produkt ist also nicht-kommutativ).

Im Falle $p \geq 1$ und $q \geq 1$ können wir statt (3) auch schreiben:

$$(3')\qquad \begin{aligned}&(\omega \wedge \bar{\omega})(v_1,\ldots,v_{p+q}) = \\ &\sum_{\pi} \operatorname{sgn}\pi \cdot (\omega \otimes \bar{\omega})(v_{\pi 1},\ldots,v_{\pi(p+q)}),\end{aligned}$$

wobei summiert wird nur über die Menge aller $\pi \in \mathfrak{S}_{p+q}$ mit $\pi 1 < \ldots < \pi p$ und $\pi(p+1) < \ldots < \pi(p+q)$.

Hieraus ergibt sich das *Assoziativgesetz*

$$(6)\qquad (\omega \wedge \bar{\omega}) \wedge \bar{\bar{\omega}} = \omega \wedge (\bar{\omega} \wedge \bar{\bar{\omega}})$$

folgendermaßen. Ist mindestens eine der Formen $\omega$, $\bar{\omega}$, $\bar{\bar{\omega}}$ vom Grade o, so ist (6) trivial. Sind hingegen ihre Grade p, q, r sämtlich $\geq 1$, so folgt aus (3'), daß beide Seiten von (6) für ein (p+q+r)-Tupel $(v_1,\ldots,v_{p+q+r})$ von Vektoren aus $\mathfrak{V}$ gleich

$$\sum_{\pi} \operatorname{sgn}\pi \cdot (\omega \otimes \bar{\omega} \otimes \bar{\bar{\omega}})(v_{\pi 1},\ldots,v_{\pi(p+q+r)})$$

sind, wobei summiert wird über alle $\pi \in \mathfrak{S}_{p+q+r}$ mit $\pi 1 < \ldots < \pi p$,

$\pi(p+1) < \ldots < \pi(p+q)$ und $\pi(p+q+1) < \ldots < \pi(p+q+r)$.

Über die in 11.1 definierten Formen $\omega_\mu$ und $\omega_{\mu_1,\ldots,\mu_p}$ behaupten wir die Gleichung

(7) $$\omega_{\mu_1} \wedge \ldots \wedge \omega_{\mu_p} = \omega_{\mu_1,\ldots,\mu_p}.$$

Zum Beweis genügt es, die Gleichung $\omega_{\mu_1,\ldots,\mu_p} = \omega_{\mu_1,\ldots,\mu_{p-1}} \wedge \omega_{\mu_p}$ zu beweisen. Nach (3) ist nun

$$(\omega_{\mu_1,\ldots,\mu_{p-1}} \wedge \omega_{\mu_p})(v_1,\ldots,v_p) =$$
$$\sum \operatorname{sgn} \pi \cdot \det(x_{\pi i,\mu_k})_{i,k=1,\ldots,p-1} \cdot x_{\pi p,\mu_p},$$

wobei summiert wird nur über die Menge aller $\pi \in \mathfrak{S}_p$ mit der Ungleichung $\pi 1 < \ldots < \pi(p-1)$. Die letzte Summe ist aber gleich der Determinante $\det(x_{i\mu_k})_{i,k=1,\ldots,p}$, wie die Laplace-Entwicklung dieser Determinante nach der letzten Spalte ergibt. _|

Wir merken noch an, daß wegen (5) für alle $\pi \in \mathfrak{S}_p$ gilt

(8) $$\omega_{\mu_{\pi 1}} \wedge \ldots \wedge \omega_{\mu_{\pi p}} = \operatorname{sgn} \pi \cdot \omega_{\mu_1} \wedge \ldots \wedge \omega_{\mu_p}.$$

Wenn zwei der Indizes $\mu_k$ gleich sind, ist also $\omega_{\mu_1} \wedge \ldots \wedge \omega_{\mu_p} = 0$.

**11.3** Die alternierende Multiplikation macht es möglich, jede alternierende Multilinearform $\omega$ durch Linearformen auszudrücken. Hierzu wählen wir eine Basis $(v_\mu^o)_{\mu \in I}$ des Vektorraumes $\mathfrak{V}$. Für beliebige $\mu_1,\ldots,\mu_p \in I$ setzen wir

(9) $$\omega(v_{\mu_1}^o,\ldots,v_{\mu_p}^o) =: a_{\mu_1,\ldots,\mu_p}.$$

Wegen 11.1,(2) ist dann für jedes $\pi \in \mathfrak{S}_p$

(10) $$a_{\mu_{\pi 1},\ldots,\mu_{\pi p}} = \operatorname{sgn} \pi \cdot a_{\mu_1,\ldots,\mu_p}.$$

Aus $v_i = \sum_{\mu \in I} x_{i\mu} v_\mu^o$, $i = 1,\ldots,p$, folgt wegen 11.1,(1) und (9)

$$\omega(v_1,\ldots,v_p) = \sum_{\mu_1,\ldots,\mu_p} a_{\mu_1,\ldots,\mu_p} x_{1\mu_1} \cdot \ldots \cdot x_{p\mu_p},$$

wegen (10) also für jedes $\pi \in \mathfrak{S}_p$

$$\omega(v_1,\dots,v_p) = \sum_{\mu_1,\dots,\mu_p} \operatorname{sgn}\pi \cdot a_{\mu_1,\dots,\mu_p}\, x_{1\mu_1}\cdot\ldots\cdot x_{p\mu_p}.$$

Die Addition dieser p! Gleichungen liefert

$$\omega(v_1,\dots,v_p) = \frac{1}{p!}\sum_{\mu_1,\dots,\mu_p} a_{\mu_1,\dots,\mu_p}\, \det(x_{i\mu_k})_{i,k=1,\dots,p}.$$

Wegen 11.3,(7) ist dies weiter

$$= \frac{1}{p!}\sum_{\mu_1,\dots,\mu_p} a_{\mu_1,\dots,\mu_p}\, \omega_{\mu_1}\wedge\ldots\wedge\omega_{\mu_p}(v_1,\dots,v_p).$$

In dieser Summe sind für jedes p-Tupel $(v_1,\dots,v_p)$ höchstens endlich viele Summanden $\neq$ o. Daher können wir formal schreiben

$$(11)\qquad \omega = \frac{1}{p!}\sum_{\mu_1,\dots,\mu_p} a_{\mu_1,\dots,\mu_p}\, \omega_{\mu_1}\wedge\ldots\wedge\omega_{\mu_p}.$$

Bei dieser Summation durchlaufen $\mu_1,\dots,\mu_p$ unabhängig voneinander die Indexmenge I.

**11.4** Speziell habe nun der Vektorraum $\mathfrak{V}$ eine endliche Dimension $l > o$ (nur dieser Fall wird im Folgenden auftreten). Dann können wir für I die Menge der natürlichen Zahlen $1,\dots,l$ nehmen. Aus 11.3,(8) und (10) folgt, daß jeder Summand der Summe in 11.3,(11) unabhängig ist von der Reihenfolge der $\mu_1,\dots,\mu_p$ und daß jeder Summand mit zwei gleichen $\mu_k$ verschwindet.

Aus letzterem folgt im Fall $p > l$, daß jedes $\omega \in \Omega^p$ verschwindet, daß also $\Omega^p = 0$ ist für $p > l$.

Nun sei $1 \le p \le l$. In diesem Fall folgt, daß (die Summanden in 11.3, (11) zu je p! einander gleich sind und) wir statt 11.3,(11) schreiben können

$$(12)\qquad \omega = \sum_{1\le\mu_1<\ldots<\mu_p\le l} a_{\mu_1,\dots,\mu_p}\, \omega_{\mu_1}\wedge\ldots\wedge\omega_{\mu_p}. \qquad ^{3)}$$

Aus (12) folgt wegen 11.2,(7) für jedes p-Tupel $\mu_1,\dots,\mu_p$ mit $1 \le \mu_1 <\ldots< \mu_p \le l$ die Gleichung 11.3,(9). Die Koeffizienten in (12) sind also durch $\omega$ eindeutig bestimmt. Umgekehrt ist bei beliebiger Wahl der $a_{\mu_1,\dots,\mu_p} \in \mathbb{R}$ durch (12) eine p-fache Linearform $\omega$ definiert. Damit ist bewiesen: im Fall $1 \le p \le l$ ist die Menge der p-fachen Linearformen $\omega_{\mu_1} \wedge \ldots \wedge \omega_{\mu_p}$ mit $1 \leq \mu_1 < \ldots < \mu_p \leq l$ eine Basis von $\Omega^p$.

Schließlich ist $\Omega^o = \mathbb{R}$, weil jede o-fache Linearform nach der Definition in 11.1 eine reelle Zahl ist.

Zusammenfassend können wir noch feststellen, daß $\dim \Omega^p = \binom{l}{p}$ ist für $p = o,1,\ldots$ .

Schlußbemerkung. Für $p = 1$ lautet (12) so:

(13) $\qquad \omega = a_1\omega_1 + \ldots + a_l\omega_l.$

Ist $v = \sum_{\mu=1}^{l} x_\mu v_\mu^o$, so ist also

(14) $\qquad \omega(v) = a_1x_1 + \ldots + a_lx_l.$

Für $p = l$ lautet (12) folgendermaßen:

(15) $\qquad \omega = a\, \omega_1 \wedge \ldots \wedge \omega_l.$

Ist $v_i = \sum_{k=1}^{l} x_{ik}v_k^o$ für $i = 1,\ldots,l$, so ist wegen 11.2,(7) also

(16) $\qquad \omega(v_1,\ldots,v_l) = a \det(x_{ik}).$

## § 12. p-Formen auf einem Gebiet

Wir kommen nun zum Hauptgegenstand dieses Kapitels, den p-Formen oder alternierenden Differentialformen vom Grade p. Wir behandeln sie auf zwei Stufen. Erstens führen wir sie (in diesem Paragraphen) ein auf Gebieten des $E^m$, oder genauer (aus technischen Gründen) auf Mengen U des $E^m$, die etwas allgemeiner sind als Gebiete. Zweitens werden wir sie (im nächsten Paragraphen) auf analogen Mengen U einer n-Mannigfaltigkeit M im $E^m$ studieren.

**12.1** Es sei U eine nichtleere Menge, welche eine Teilmenge des Raumes $E^m$ und offen ist im $E^m$, oder welche eine Teilmenge eines abgeschlossenen Halbraumes des $E^m$ und offen ist in diesem Halbraum.

DEFINITION. Es sei p eine natürliche Zahl. Eine reelle Funktion von p+1 Variablen $x; v_1,\dots,v_p$ mit $x \in U$; $v_1,\dots,v_p \in \mathfrak{V}_x$ heiße eine p-*Form auf* U, wenn für jeden Punkt $x \in U$ die Funktion $\omega_x$, definiert durch $\omega_x(v_1,\dots,v_p) := \omega(x;v_1,\dots,v_p)$, eine alternierende, p-fache Linearform auf $\mathfrak{V}_x$ ist. - Jede Funktion $\omega = f : U \to \mathbb{R}$ heiße eine o-*Form auf* U. (Zur Definition des Vektorraumes $\mathfrak{V}_x = \mathfrak{V}_x E^m$ vgl. 6.1.)

Sind $\omega$, $\bar\omega$ zwei p-Formen auf U ($p \geq 1$) und $c, \bar c \in \mathbb{R}$, so wird die p-Form $c\omega + \bar c\bar\omega$, wie bei Funktionen üblich, definiert durch

$$(1) \qquad \begin{aligned}&(c\omega + \bar c\bar\omega)(x;v_1,\dots,v_p) := \\ &c\omega(x;v_1,\dots,v_p) + \bar c\bar\omega(x;v_1,\dots,v_p).\end{aligned}$$

Sind $\omega = f$ und $\bar\omega = \bar f$ zwei o-Formen auf U und $c, \bar c \in \mathbb{R}$, so wird die o-Form $c\omega + \bar c\bar\omega$ definiert durch

$$(c\omega + \bar c\bar\omega)(x) := cf(x) + \bar c\bar f(x).$$

Für jedes p = o,1,... ist daher die Menge $\Omega^p(U)$ aller p-Formen auf U ein Vektorraum über $\mathbb{R}$. Für $p > m$ ist $\Omega^p(U) = 0$; $\Omega^o(U)$ ist der Vektorraum aller reellen Funktionen auf U.

Das alternierende Produkt $\omega \wedge \bar\omega$ einer p-Form $\omega$ und einer q-Form $\bar\omega$ auf U wird definiert durch

$$(2) \qquad \begin{aligned}&(\omega \wedge \bar\omega)(x;v_1,\dots,v_{p+q}) := \\ &\omega(x;v_1,\dots,v_p) \wedge \bar\omega(x;v_{p+1},\dots,v_{p+q}).\end{aligned}$$

Ist p = o, so bedeutet dies

$$(\omega \wedge \bar\omega)(x;v_1,\dots,v_p) := \omega(x)\cdot\bar\omega(x;v_1,\dots,v_p);$$

analog für q = o, bzw. p = q = o. Es gelten wieder die Gleichungen 11.2,(4), (5) und (6).

Wir sagen, $x \in U$ sei eine Nullstelle von $\omega$, wenn $\omega(x;v_1,\dots,v_p) = o$ ist für alle $v_1,\dots,v_p \in \mathfrak{V}_x$ bzw. wenn $f(x) = o$ ist. Wir schreiben dann $\omega(x) = o$; anderenfalls schreiben wir $\omega(x) \neq o$. Bezeichnet A die Menge der Nichtnullstellen von $\omega$, so heiße die Menge $\mathrm{Tr}\,\omega := \overline{A} \cap U$ der *Träger* von $\omega$.

**12.2** Bevor wir fortfahren, erinnern wir uns an den Begriff des Differentials df einer $C^1$-Funktion $f: U \to \mathbb{R}$.

Sei $x^o = (x_1^o,\dots,x_m^o)$ ein Punkt von U. Schreiben wir wie in 6.1 die Vektoren v des Vektorraumes $\mathfrak{V}_{x^o} = \mathfrak{V}_{x^o}E^m$ mit der kanonischen Basis $\{v_1^o,\dots,v_m^o\}$ in der Gestalt $v = (x_1-x_1^o,\dots,x_m-x_m^o) = \sum_{\mu=1}^m (x_\mu-x_\mu^o)v_\mu^o$, so sind nach 11.4,(14) die Linearformen auf $\mathfrak{V}_{x^o}$ die Abbildungen $\mathfrak{V}_{x^o} \to \mathbb{R}$, definiert durch $v \mapsto \sum_{\mu=1}^m a_\mu \cdot (x_\mu - x_\mu^o)$ mit $a_1,\dots,a_m \in \mathbb{R}$. Die Linearform mit $a_\mu := D_\mu f(x^o)$, $\mu = 1,\dots,m$, heißt das *Differential* df von f im Punkt $x^o$. Es ist also

$$(df)(x^o;v) = \sum_{\mu=1}^m D_\mu f(x^o)\cdot(x_\mu - x_\mu^o),$$

nach 11.1 folglich $df = \sum_{\mu=1}^m D_\mu f \cdot \omega_\mu$.

Speziell hat für jedes $\mu = 1,\dots,m$ die Funktion $\pi_\mu$, definiert durch $\pi_\mu(x_1,\dots,x_m) := x_\mu$, das Differential $d\pi_\mu = \omega_\mu$. Nun könnte man versucht sein, aus der Definitionsgleichung von $\pi_\mu$ zu schließen: $d\pi_\mu = dx_\mu$; man käme so zur Folgerung $\omega_\mu = dx_\mu$. Dieser Schluß ist jedoch nicht zulässig; denn $x_\mu$ ist keine Funktion, sondern eine Variable; daher ist das Differential $dx_\mu$ nicht definiert. Wohl aber können wir (als bloße Schreibweise) *verabreden*:

(3) Statt $\omega_\mu$ schreiben wir fortan $dx_\mu$.[20)]

Dann erhalten wir die übliche Schreibweise

$$df = \sum_{\mu=1}^m D_\mu f\, dx_\mu.$$

**12.3** Aufgrund der soeben getroffenen Verabredung hat nun nach 11.4, (12) für $1 \leq p \leq n$ jede p-Form $\omega$ auf U die eindeutige *Normaldarstellung*

$$(4)\qquad \omega = \sum_{1\leq\mu_1<\dots<\mu_p\leq m} f_{\mu_1,\dots,\mu_p}\, dx_{\mu_1} \wedge \dots \wedge dx_{\mu_p}\ .$$

Dabei sind jetzt aber die Koeffizienten $f_{\mu_1,\ldots,\mu_p}$ nicht mehr reelle Zahlen, sondern reelle Funktionen auf U, nach 11.3,(9) definiert durch

(5) $$f_{\mu_1,\ldots,\mu_p}(x) := \omega(x;v^o_{\mu_1},\ldots,v^o_{\mu_p}).$$

Umgekehrt ist bei beliebiger Wahl der Funktionen $f_{\mu_1,\ldots,\mu_p} : U \to \mathbb{R}$ durch (4) eine p-Form ω auf U definiert.

Speziell für p = 1 ergibt sich

$$\omega = \sum_{\mu=1}^{m} f_\mu \, dx_\mu \qquad \text{(Pfaffsche Form).}$$

Wegen der Darstellung (4) heißen die p-Formen auf U auch (alternierende) *Differentialformen* p-ten Grades auf U.

Wegen 11.2,(7) ist $dx_{\mu_1} \wedge \ldots \wedge dx_{\mu_p}$ nur eine andere Schreibweise der Form $\omega_{\mu_1,\ldots,\mu_p}$ auf $\mathfrak{W}$, definiert in 11.1. Daher ist nach 11.2,(8) für jedes $\pi \in \mathfrak{T}_p$

(6) $$dx_{\mu_{\pi 1}} \wedge \ldots \wedge dx_{\mu_{\pi p}} = \operatorname{sgn} \pi \cdot dx_{\mu_1} \wedge \ldots \wedge dx_{\mu_p}.$$

Wenn also unter den Indizes $\mu_k$ zwei einander gleich sind, ist $dx_{\mu_1} \wedge \ldots \wedge dx_{\mu_p} = o$.

Ist eine p-Form ω auf U (p ≥ 1) gegeben in einer Darstellung

(7) $$\omega = \sum_{\mu_1,\ldots,\mu_p=1}^{m} h_{\mu_1,\ldots,\mu_p} \, dx_{\mu_1} \wedge \ldots \wedge dx_{\mu_p}$$

(die Indizes $\mu_k$ laufen unabhängig von 1 bis m), so sind die Funktionen

(8) $$f_{\mu_1,\ldots,\mu_p} := \sum_{\pi \in \mathfrak{T}_p} \operatorname{sgn} \pi \cdot h_{\mu_{\pi 1},\ldots,\mu_{\pi p}}$$

die Koeffizienten der Normaldarstellung (4) von ω.

Ist eine zweite p-Form $\bar\omega$ auf U gegeben, ebenfalls in einer Darstellung (7), mit Koeffizientenfunktionen $\bar h_{\mu_1,\ldots,\mu_p}$, und sind $c, \bar c \in \mathbb{R}$, so hat $c\omega + \bar c\bar\omega$ die Darstellung (7) mit den Koeffizientenfunktionen $ch_{\mu_1,\ldots,\mu_p} + \bar c\bar h_{\mu_1,\ldots,\mu_p}$. Ist neben der p-Form ω eine q-Form $\bar\omega$

auf U gegeben:

$$\bar{\omega} = \sum_{\mu_{p+1},\dots,\mu_{p+q}=1}^{m} \bar{h}_{\mu_{p+1},\dots,\mu_{p+q}}\, dx_{\mu_{p+1}} \wedge \dots \wedge dx_{\mu_{p+q}},$$

so ist

$$(9) \quad \omega \wedge \bar{\omega} = \sum_{\mu_1,\dots,\mu_{p+q}=1}^{m} k_{\mu_1,\dots,\mu_{p+q}}\, dx_{\mu_1} \wedge \dots \wedge dx_{\mu_{p+q}}$$

mit

$$k_{\mu_1,\dots,\mu_{p+q}} := h_{\mu_1,\dots,\mu_p} \cdot \bar{h}_{\mu_{p+1},\dots,\mu_{p+q}}.$$

*Aufgabe.*

Sei $\omega$ gegeben in der Normaldarstellung (4). Ein Punkt x von U ist genau dann eine Nullstelle von $\omega$, wenn $f_{\mu_1,\dots,\mu_p}(x) = o$ ist für alle p-Tupel $\mu_1,\dots,\mu_p$.

**12.4** Nachdem wir in 12.3 den algebraischen Aspekt der p-Formen erledigt haben, kommen wir nun zur Analysis der p-Formen.

Eine o-Form $\omega = f$ auf U gilt selbstverständlich als stetig bzw. stetig differenzierbar, wenn die Funktion f stetig bzw. stetig differenzierbar ist. Für $p \geq 1$ definieren wir folgendermaßen:

DEFINITION 1. Eine p-Form $\omega$ auf U heiße *stetig*, bzw. *stetig differenzierbar*, wenn die Koeffizientenfunktionen $f_{\mu_1,\dots,\mu_p} : U \to \mathbb{R}$ der Normaldarstellung 12.3,(4) von $\omega$ stetig bzw. stetig differenzierbar sind.

Diese Begriffe sind verträglich mit der Linearkombination $c\omega + \bar{c}\bar{\omega}$ zweier p-Formen $\omega$ und $\bar{\omega}$ auf U ($p \geq o$) und mit der alternierenden Multiplikation $\omega \wedge \bar{\omega}$ einer p-Form $\omega$ und einer q-Form $\bar{\omega}$ auf U ($p \geq o$, $q \geq o$). Denn die Koeffizientenfunktionen der Normaldarstellungen $c\omega + \bar{c}\bar{\omega}$ und von $\omega \wedge \bar{\omega}$ setzen sich aus denen von $\omega$ und $\bar{\omega}$ ganz rational mit konstanten Koeffizienten zusammen; wenn also die letzteren stetig bzw. stetig differenzierbar sind, so sind es auch die ersteren.

Im Unterschied zur üblichen Differentialrechnung reeller Funktionen definieren wir anschließend für eine stetig differenzierbare p-Form $\omega$ nicht eine Ableitung, sondern das Differential $d\omega$. [21)]

Ist zunächst $\omega$ eine stetig differenzierbare o-Form auf U, also eine $C^1$-Funktion $f: U \to \mathbb{R}$, so setzen wir natürlich $d\omega := df$, also (vgl. 12.2)

$$(10) \qquad d\omega := \sum_{\mu=1}^{m} D_\mu f \, dx_\mu .$$

Für $p \geq 1$ definieren wir folgendermaßen:

DEFINITION 2. Sei $\omega$ eine stetig differenzierbare p-Form auf U in der Normaldarstellung 12.3,(4). Dann heiße die stetige (p+1)-Form auf U

$$(11) \quad d\omega := \sum_{\mu=1}^{m} \sum_{1 \leq \mu_1 < \ldots < \mu_p \leq m} D_\mu f_{\mu_1,\ldots,\mu_p} \, dx_\mu \wedge dx_{\mu_1} \wedge \ldots \wedge dx_{\mu_p}$$

das *Differential* von $\omega$.

Für $p \geq m$ ist $d\omega = o$ wegen $d\omega \in \Omega^{p+1}(U) = 0$.

Natürlich ist die Differentiation *linear*:

$$(12) \qquad d(c\omega + \bar{c}\bar{\omega}) = c \, d\omega + \bar{c} \, d\bar{\omega}$$

für je zwei differenzierbare p-Formen $\omega$, $\bar{\omega}$ auf U und $c, \bar{c} \in \mathbb{R}$ ($p \geq o$).

Liegt $\omega$ nicht in der Normaldarstellung 12.3,(4) vor, sondern in der Darstellung 12.3,(7) mit $C^1$-Funktionen $h_{\mu_1,\ldots,\mu_p}$ als Koeffizienten, so ist

$$(13) \quad d\omega = \sum_{\mu,\mu_1,\ldots,\mu_p=1}^{m} D_\mu h_{\mu_1,\ldots,\mu_p} \, dx_\mu \wedge dx_{\mu_1} \wedge \ldots \wedge dx_{\mu_p} .$$

Dies ergibt sich durch Einsetzen von 12.3,(8) in (11).

Hieraus folgt erstens wegen (9) mittels 12.3,(4) für eine p-Form $\omega$ auf U und eine q-Form $\bar{\omega}$ auf U die *Produktregel*

(14) $$d(\omega \wedge \bar{\omega}) = (d\omega) \wedge \bar{\omega} + (-1)^p \omega \wedge (d\bar{\omega}).$$

Zweitens folgt, wenn die Koeffizientenfunktionen der Normaldarstellung von $\omega$ 2-mal stetig differenzierbar sind, die *Schwarzsche Gleichung*

(15) $$dd\omega = o.$$

Für normales Rechnen ist es oft nützlich, die Gleichungen 12.3,(4) und (11) in der folgenden Weise zu schreiben:

(16) $$\omega = \sum_{1 \le \mu_1 < \ldots < \mu_p \le m} f_{\mu_1, \ldots, \mu_p} \wedge dx_{\mu_1} \wedge \ldots \wedge dx_{\mu_p},$$

(17) $$d\omega = \sum_{1 \le \mu_1 < \ldots < \mu_p \le m} df_{\mu_1, \ldots, \mu_p} \wedge dx_{\mu_1} \wedge \ldots \wedge dx_{\mu_p}.$$

Analoges gilt für die Gleichungen 12.3,(7) und (13).

*Aufgabe.*

Für stetig differenzierbare Funktionen $f_k : U \to \mathbb{R}$, $k = 1, \ldots, p$, ist

$$df_1 \wedge \ldots \wedge df_p = \sum_{1 \le \mu_1 < \ldots < \mu_p \le m} \det(D_{\mu_i} f_k)\, dx_{\mu_1} \wedge \ldots \wedge dx_{\mu_p}.$$

Also ist in einem Punkt $x \in U$ der Rang der Jacobischen Matrix der $f_1, \ldots, f_p$ genau dann maximal, wenn $(df_1 \wedge \ldots \wedge df_p)(x) \neq o$ ist.

**12.5** Schreibt man die p-Formen ($p = o,1,2,3$) auf einer offenen Menge G des $E^3$ in der Gestalt

$$f;$$

$$\varphi_1\, dx_1 + \varphi_2\, dx_2 + \varphi_3\, dx_3;$$

$$\psi_1\, dx_2 \wedge dx_3 + \psi_2\, dx_3 \wedge dx_1 + \psi_3\, dx_1 \wedge dx_2;$$

$$\chi\, dx_1 \wedge dx_2 \wedge dx_3,$$

so sind im Falle ihrer stetigen Differenzierbarkeit die Differentiale die (p+1)-Formen [22]

$$D_1 f\, dx_1 + D_2 f\, dx_2 + D_3 f\, dx_3;$$

$$\mathrm{rot}_1\varphi\, dx_2 \wedge dx_3 + \mathrm{rot}_2\varphi\, dx_3 \wedge dx_1 + \mathrm{rot}_3\varphi\, dx_1 \wedge dx_2;$$

$$\mathrm{div}\,\psi\, dx_1 \wedge dx_2 \wedge dx_3;$$

$$o.$$

Bei 2-maliger stetiger Differenzierbarkeit folgen aus 12.4,(15) die Gleichungen

$$\mathrm{rot}\ \mathrm{grad} = o, \quad \mathrm{div}\ \mathrm{rot} = o.$$

Die Differentialoperatoren grad, rot und div entsprechen also unserem Differentialoperator d in den Fällen $p = o,1,2$ und die beiden vorstehenden Gleichungen der Schwarzschen Gleichung $dd = o$.

**12.6** Wir untersuchen jetzt noch das Verhalten der p-Formen bei einer Substitution der Variablen. Neben $E^m$ und $U$ (vgl. 12.1) liege für ein natürliches n weiter vor: ein n-dimensionaler, euklidischer Raum $E^n$ mit cartesischen Koordinaten $x_1,\dots,x_n$ und eine nichtleere Menge $\dot{U}$, welche eine Teilmenge des $E^n$ und offen in $E^n$ ist oder welche eine Teilmenge eines abgeschlossenen Halbraumes des $E^n$ und offen in diesem Halbraum ist. Schließlich sei eine $C^2$-Abbildung $\varphi$: $\dot{U} \to U$ gegeben.

Für jedes $p = o,1,\dots$ ordnen wir jeder p-Form $\omega$ auf $U$ folgendermaßen eine p-Form $\dot{\omega} = \varphi^*\omega$ auf $\dot{U}$ zu.

$p = o$. Ist $\omega$ eine o-Form auf $U$, also eine Funktion $f\colon U \to \mathbb{R}$, so setzen wir

$$\varphi^*\omega := f \circ \varphi. \tag{18}$$

$p \geq 1$. Für jeden Punkt $\dot{x}^o \in \dot{U}$ und sein Bild $\varphi(\dot{x}^o) = x^o \in U$ sei $d\varphi_{\dot{x}^o} : \mathfrak{D}_{\dot{x}^o} \to \mathfrak{D}_{x^o}$ die lineare Abbildung, die definiert ist durch die m Gleichungen

$$x_\mu - x_\mu^o = \sum_{\nu=1}^{n} D_\nu\varphi_\mu(\dot{x}^o)\cdot(\dot{x}_\nu - \dot{x}_\nu^o) \qquad (\mu=1,\dots,m) \tag{19}$$

($\mathfrak{V}_{\dot{x}^o} := \mathfrak{V}_{\dot{x}^o} E^n$ und $\mathfrak{V}_{x^o} := \mathfrak{V}_{x^o} E^m$ (vgl. 6.1); $\varphi_1,\ldots,\varphi_m$ die Komponenten von $\varphi$.) Sodann sei $\dot{U}_*$ die Menge aller (p+1)-Tupel $(\dot{x}^o;\dot{v}_1,\ldots,\dot{v}_p)$ mit $\dot{x}^o \in \dot{U}$; $\dot{v}_1,\ldots,\dot{v}_p \in \mathfrak{V}_{\dot{x}^o}$ und $U_*$ die Menge aller (p+1)-Tupel $(x^o;v_1,\ldots,v_p)$ mit $x^o \in U$, $v_1,\ldots,v_p \in \mathfrak{V}_{x^o}$ (also $\dot{U}_*$ bzw. $U_*$ der Definitionsbereich aller p-Formen auf $\dot{U}$ bzw. U; vgl. 12.1). Schließlich sei $\varphi_*: \dot{U}_* \to U_*$ die Abbildung

(20) $$(\dot{x}^o;\dot{v}_1,\ldots,\dot{v}_p) \mapsto (\varphi(\dot{x}^o);\ d\varphi_{\dot{x}^o}(\dot{v}_1),\ldots,d\varphi_{\dot{x}^o}(\dot{v}_p)).$$

Ist nun $\omega$ eine p-Form auf U, so ist

(21) $$\varphi^*\omega := \omega \circ \varphi_*$$

eine p-Form $\dot{\omega}$ auf $\dot{U}$.

Damit ist für jedes p = o,1,... eine lineare Abbildung

(22) $$\varphi^*: \Omega^p(U) \to \Omega^p(\dot{U})$$

definiert. Diese Abbildung $\varphi^*$ heiße das *Zurückholen* der p-Formen von U auf $\dot{U}$.

Für $p > n$ ist $\Omega^p(\dot{U}) = 0$; für $p > m$ ist $\Omega^p(U) = 0$. In beiden Fällen ist also $\varphi^*$ die Abbildung auf die Null.

Nun sei $1 \le p \le \min(m,n)$. Für ein $\omega \in \Omega^p(U)$ wollen wir $\varphi^*\omega$ berechnen.

Nach 12.3 ist $dx_{\mu_1} \wedge\ldots\wedge dx_{\mu_p}$ die Funktion $\omega_{\mu_1,\ldots,\mu_p}$, definiert durch $(v_1,\ldots,v_p) \mapsto \det(x_{j\mu_k})$. Einsetzen von $x_{j\mu} = \sum_{\nu=1}^{n} D_\nu\varphi_\mu \cdot \dot{x}_{j\nu}$ in $\det(x_{j\mu_k})$ ergibt

$$D_{\nu_1}\varphi_{\mu_1} \cdot\ldots\cdot D_{\nu_p}\varphi_{\mu_p} \cdot \det(\dot{x}_{j\nu_\ell}).$$

Daher ist

$$\varphi^*(dx_{\mu_1} \wedge\ldots\wedge dx_{\mu_p}) =$$

$$\sum_{\nu_1,\ldots,\nu_p=1}^{n} D_{\nu_1}\varphi_{\mu_1} \cdot\ldots\cdot D_{\nu_p}\varphi_{\mu_p} \cdot d\dot{x}_{\nu_1} \wedge\ldots\wedge d\dot{x}_{\nu_p} =$$

$$\sum_{1\le\nu_1<\ldots<\nu_p\le n} \det(D_{\nu_i}\varphi_{\mu_k}) \cdot d\dot{x}_{\nu_1} \wedge\ldots\wedge d\dot{x}_{\nu_p}.$$

Ist nun

$$(23)\quad \omega = \sum_{1\le\mu_1<\ldots<\mu_p\le m} f_{\mu_1,\ldots,\mu_p}\, dx_{\mu_1}\wedge\ldots\wedge dx_{\mu_p},$$

so folgt die gesuchte Gleichung:

$$(24)\quad \varphi^*\omega = \sum_{1\le\nu_1<\ldots<\nu_p\le n} f^{\varphi}_{\nu_1,\ldots,\nu_p}\, d\dot{x}_{\nu_1}\wedge\ldots\wedge d\dot{x}_{\nu_p}$$

mit

$$(25)\quad f^{\varphi}_{\nu_1,\ldots,\nu_p} := \sum_{1\le\mu_1<\ldots<\mu_p\le m} (f_{\mu_1,\ldots,\mu_p}\circ\varphi)\cdot \det(D_{\nu_i}\varphi_{\mu_k}).$$

Formal erhält man (24) aus (23) durch Einsetzen von $x_\mu = \varphi_\mu(\dot{x})$ und $dx_\mu = \sum_{\nu=1}^{n} D_\nu\varphi_\mu\cdot d\dot{x}_\nu$. Die Substitutionsformel (24) ist also die übliche *Kettenregel*.

Speziell folgt aus (24)

$$(26)\quad \varphi^*(dx_\mu) = \sum_{\nu=1}^{n} D_\omega\varphi_\mu\cdot d\dot{x}_\nu.$$

Daher können wir auch schreiben

$$(27)\quad \varphi^*\omega = \sum_{1\le\mu_1<\ldots<\mu_p\le m} \varphi^* f_{\mu_1,\ldots,\mu_p}\wedge\varphi^*(dx_{\mu_1})\wedge\ldots\wedge\varphi^*(dx_{\mu_p}).$$

Hieraus folgt wegen 12.3,(9) weiter, daß das Zurückholen mit der Multiplikation verträglich ist:

$$(28)\ \varphi^*(\omega\wedge\bar{\omega}) = \varphi^*\omega\wedge\varphi^*\bar{\omega}.$$

Aus (24) und (25) folgt weiter

(29) ist $\omega$ stetig, so ist auch $\varphi^*\omega$ stetig.

Sodann behaupten wir, daß das Zurückholen auch mit der Differentiation verträglich ist. Es sei also $\omega$ eine stetig differenzierbare p-Form auf U. Nach (18) bzw. (25) ist dann auch $\varphi^*\omega$ stetig differenzierbar. Zu zeigen ist:

$$(30)\quad \varphi^*(d\omega) = d(\varphi^*\omega).$$

$p = o$, also $\omega$ eine $C^1$-Funktion $f\colon U\to\mathbb{R}$. Dann ist

$$\begin{aligned}\varphi^*(df) &= \varphi^*(\sum_\mu (D_\mu f)\cdot dx_\mu) = \sum_\mu ((D_\mu f)\circ\varphi)\cdot\varphi^*(dx_\mu)\\ &= \sum_{\nu\mu}((D_\mu f)\circ\varphi)\cdot(D_\nu\varphi_\mu)\cdot d\dot{x}_\nu\\ &= \sum_\nu D_\nu(f\circ\varphi)\cdot d\dot{x}_\nu = d(f\circ\varphi) = d(\varphi^* f).\end{aligned}$$

$p \geq 1$. Wegen der Linearität (12) des Differentialoperators d und wegen der Normaldarstellung 12.3,(4) genügt es, die Gleichung (30) für $\omega := f\, dx_{\mu_1}\wedge\ldots\wedge dx_{\mu_p}$ zu beweisen. Wir bemerken:

$$\begin{aligned}d(\varphi^* dx_\mu) &= d(\sum_\nu D_\nu\varphi_\mu\cdot d\dot{x}_\nu)\\ &= \sum_{\nu',\nu} D_{\nu'}D_\nu\varphi_\mu \cdot d\dot{x}_{\nu'}\wedge d\dot{x}_\nu = o.\end{aligned}$$ [23)]

Daher folgt aus (27) durch Anwendung der Produktregel (24), der Gleichung (30) für $p = o$, der Gleichung (28) und endlich der Gleichung (17):

$$\begin{aligned}d(\varphi^*\omega) &= d(\varphi^* f)\wedge\varphi^*(dx_{\mu_1})\wedge\ldots\wedge\varphi^*(dx_{\mu_p})\\ &= \varphi^*(df)\wedge\varphi^*(dx_{\mu_1})\wedge\ldots\wedge\varphi^*(dx_{\mu_p})\\ &= \varphi^*(df\wedge dx_{\mu_1}\wedge\ldots\wedge dx_{\mu_p}) = \varphi^*(d\omega).\end{aligned}$$ ⌋

Schließlich ist das Zurückholen auch noch transitiv: liegt neben $\varphi$ noch eine $C^2$-Abbildung $\psi$: $\ddot{U}\to\dot{U}$ einer Menge $\ddot{U}$, analog definiert wie $\dot{U}$, in oder auf $\dot{U}$ vor, so ist

(31) $(\varphi\circ\psi)^* = \psi^*\circ\varphi^*$.

Dies folgt aus (18)-(21).

**12.7** Ist die $C^2$-Abbildung $\varphi$: $\dot{U}\to U$ in 12.6 ein $C^2$-Diffeomorphismus [8)] von $\dot{U}$ auf $U$ (also $n = m$), so stellen wir fest, daß die Abbildung $\varphi^*$: $\Omega^p(U)\to\Omega^p(\dot{U})$ ein Isomorphismus ist. Betrachten wir $\varphi$ als Einführung der $x_1,\ldots,x_m$ als neue Koordinaten in $U$, so besagt diese Festellung, zusammen mit der Verträglichkeit von $\varphi^*$ mit der Multiplikation und der Differentiation, daß *der Kalkül der p-Formen von den Koordinaten unabhängig* ist. Darin liegt einer der großen Vorzüge dieses Kalküls.

# § 13. p-Formen auf einer Mannigfaltigkeit

Im vorangehenden Paragraphen haben wir die p-Formen auf einer Menge U eines euklidischen Raumes eingeführt. Da eine Mannigfaltigkeit lokal euklidisch ist, liegt es nahe, die p-Formen allgemeiner auf einer Menge U einer Mannigfaltigkeit zu definieren. Dies soll im folgenden geschehen. Damit gelangen wir zum zentralen Begriff dieses Kapitels II.

**13.1** Es liege eine n-Mannigfaltigkeit M im $E^m$ vor und eine nichtleere Teilmenge U von $\widehat{M} = M \cup \partial M$, die offen ist in $\widehat{M}$ (beispielsweise $U := M$ oder $U := \widehat{M}$).

Jede Karte $\tau: T \to \widehat{M}$ von $\widehat{M}$ mit $\tau(T) \subset U$ heiße eine Karte $\tau: T \to U$ von U. Jede U überdeckende Familie von Karten von U heiße ein Atlas von U.

DEFINITION. Es sei $p \geq 1$. Eine reelle Funktion $\omega$ von p+1 Variablen $x; v_1,\ldots,v_p$ mit $x \in U$; $v_1,\ldots,v_p \in \mathfrak{T}_x M$ heiße eine p-*Form* auf U, wenn für jeden Punkt $x \in U$ die Funktion $\omega_x$, definiert durch die Gleichung $\omega_x(v_1,\ldots,v_p) := \omega(x;v_1,\ldots,v_p)$, eine alternierende, p-fache Linearform auf $\mathfrak{T}_x M$ ist. - Jede Funktion $\omega = f: U \to \mathbb{R}$ heiße eine o-*Form* auf U. - (Zur Definition des Vektorraumes $\mathfrak{T}_x M$ der Tangentenvektoren v an M in x vgl. 6.2.)

Die Linearkombination $c\omega + \bar{c}\bar{\omega}$ zweier p-Formen $\omega$ und $\bar{\omega}$ auf U definieren wir wie in 12.1. Dann ist wieder für jedes $p \geq o$ die Menge $\Omega^p(U)$ aller p-Formen auf U ein Vektorraum über $\mathbb{R}$. Für $p > n$ ist $\Omega^p(U) = 0$, weil für jedes $x \in U$ der Vektorraum $\mathfrak{T}_x M$ n-dimensional und daher für $p > n$ jede alternierende, p-fache Linearform auf $\mathfrak{T}_x M$ identisch verschwindet. $\Omega^o(U)$ ist der Vektorraum aller Funktionen $f: U \to \mathbb{R}$.

Ebenso definieren wir das alternierende Produkt $\omega \wedge \bar{\omega}$ einer p-Form $\omega$

und einer q-Form $\bar{\omega}$ auf U wie in 12.1. Abermals gelten die Gesetze 11.2,(4), (5) und (6).

Schließlich werden auch die Nullstellen und der Träger Tr $\omega$ einer p-Form $\omega$ auf U wie in 12.1 definiert.

Die 1-Formen auf U werden auch Pfaffsche Formen auf U genannt.

*Beispiele.*

1. Es sei G eine offene Menge des $E^m$ mit $U \subset G$ und $\omega$ eine p-Form auf G im Sinne von 12.1. Für jeden Punkt $x \in \hat{M}$ ist $\mathfrak{T}_x M \subset \mathfrak{V}_x$ (vgl. 6.2). Daher können wir für $x \in U$; $v_1,\dots,v_p \in \mathfrak{T}_x M$ definieren wie folgt: $\omega'(x;v_1,\dots,v_p) := \omega(x;v_1,\dots,v_p)$. Dann ist $\omega'$ eine p-Form auf U. Wir nennen sie die *Restriktion* von $\omega$ auf U.

2. Nun sei M eine orientierte Hyperfläche H im $E^{n+1}$. Für jeden Punkt x von $\hat{H}$ bezeichne $\mathfrak{n} = \mathfrak{n}(x)$ den in 7.2 definierten Normaleneinheitsvektor von H in x. Sind dann $v_1,\dots,v_n$ Tangentenvektoren an H in x, so sei $\nu(x;v_1,\dots,v_n)$ := Determinante der Matrix mit den Zeilenvektoren $\mathfrak{n},v_1,\dots,v_n$ (also = $\pm$ Volumen des von $v_1,\dots,v_n$ aufgespannten Parallelotops). Die Funktion $\nu$ ist eine n-Form auf H. (Vgl. 13.5.)

3. Jede p-Form im Sinne von 12.1 ist eine p-Form im obigen Sinne.

**13.2** Unser nächstes Ziel ist die Entwicklung eines Verfahrens, mit dem wir das Studium der p-Formen auf $U \subset \hat{M}$ zurückführen können auf die Untersuchung der p-Formen auf Mengen $\subset \mathbb{R}^n$. Dies gibt uns die Möglichkeit, die in § 12 entwickelten Ergebnisse anzuwenden auf die p-Formen auf $U \subset \hat{M}$.

Es sei $\tau$: $T \to U$ eine Karte von U. Für jedes $p \geq o$ definieren wir eine lineare Abbildung

$$\tau^*: \Omega^p(U) \to \Omega^p(T),$$

das *Zurückholen* der p-Formen auf U auf das Kartenblatt T, analog wie in 12.6, nämlich folgendermaßen:

$p = o$. Ist $\omega$ eine o-Form auf U, also eine Funktion f: $U \to \mathbb{R}$, so sei

$$\tau^*\omega := f \circ \tau \ .$$

$p \geq 1$. Für jeden Punkt $t^o \in T$ definieren die m Gleichungen

$$x_\mu - x_\mu^o = \sum_{\nu=1}^{n} D_\nu \tau_\mu(t^o)\cdot(t_\nu - t_\nu^o) \qquad (\mu=1,\ldots,m)$$

einen Isomorphismus $d\tau_{t^o}: \mathfrak{V}_{t^o} \to \mathfrak{T}_{x^o}M$ des n-dimensionalen Vektorraumes $\mathfrak{V}_{t^o} = \mathfrak{V}_{t^o}\mathbb{R}^n$ (vgl. 6.1) auf den Tangentialraum $\mathfrak{T}_{x^o}M$ an M im Punkt $x^o = \tau(t^o)$. Nun sei $T_*$ die Menge aller (p+1)-Tupel $(t^o;\dot{v}_1,\ldots,\dot{v}_p)$ mit $t^o \in T$; $\dot{v}_1,\ldots,\dot{v}_p \in \mathfrak{V}_{t^o}$ und $U_*$ die Menge aller (p+1)-Tupel $(x^o;v_1,\ldots,v_p)$ mit $x^o \in U$; $v_1,\ldots,v_p \in \mathfrak{T}_{x^o}M$ (also $T_*$ bzw. $U_*$ der Definitionsbereich aller p-Formen auf T bzw. U). Schließlich sei $\tau_*: T_* \to U_*$ die Abbildung

$$(t^o;\dot{v}_1,\ldots,\dot{v}_p) \mapsto (\tau(t^o);\ d\tau_{t^o}(\dot{v}_1),\ldots,d\tau_{t^o}(\dot{v}_p)).$$

Sie bildet $T_*$ bijektiv ab auf $(\tau(T))_*$, letzteres analog definiert wie $U_*$. Ist nun $\omega$ eine p-Form auf U, so sei

$$\tau^*\omega := \omega \circ \tau_* \ ;$$

dies ist eine p-Form auf T. - Damit ist $\tau^*$ für jedes $p \geq o$ definiert.

Jede p-Form auf T ist das $\tau^*$-Bild mindestens einer p-Form auf U. Zwei p-Formen auf U haben dasselbe $\tau^*$-Bild genau dann, wenn sie auf $\tau(T)$ übereinstimmen.

Daß die Abbildung $\tau^*$ linear ist, ist trivial. Aus 11.2,(3) bzw. $(3_o)$ folgt außerdem, daß sie sich mit der Multiplikation verträgt:

$$\tau^*(\omega \wedge \overline{\omega}) = \tau^*\omega \wedge \tau^*\overline{\omega} \ .$$

Für p ≥ 1 ergibt sich aus 12.2,(4) und (5) die Gleichung

$$(1)\qquad \tau^*\omega = \sum_{1\le\nu_1<\ldots<\nu_p\le n} f^{\tau}_{\nu_1,\ldots,\nu_p}\, dt_{\nu_1}\wedge\ldots\wedge dt_{\nu_p}$$

mit

$$(2)\qquad f^{\tau}_{\nu_1,\ldots,\nu_p}(t) = \omega(\tau(t);\, D_{\nu_1}\tau(t),\ldots,D_{\nu_p}\tau(t)).$$

Wir nennen sie die *Normaldarstellung der* p-*Form* ω *auf dem Kartenblatt* T. (Ist τ(T) eine echte Teilmenge von U, so ist diese Darstellung nur lokal.)

Nun sei $\tilde\tau\colon \tilde T \to U$ eine zweite Karte von U, mit $\tilde\tau(\tilde T) \subset \tau(T)$, und es sei

$$(\tilde 1)\qquad \tau^*\omega = \sum_{1\le\mu_1<\ldots<\mu_p\le n} f^{\tilde\tau}_{\mu_1,\ldots,\mu_p}\, d\tilde t_{\mu_1}\wedge\ldots\wedge d\tilde t_{\mu_p}$$

die zugehörige Normaldarstellung von ω auf $\tilde T$. Zur Abkürzung setzen wir $\varphi^{\tau\tilde\tau} =: \varphi$ (vgl. §4). Dann ist $\tilde\tau^* = \varphi^* \circ \tau^*$ wie soeben und daher $\tilde\tau^*\omega = \varphi^*(\tau^*\omega)$. Aus 12.6,(25) ergibt sich folglich, daß die Koeffizientenfunktionen in (1) und $(\tilde 1)$ folgendermaßen zusammenhängen:

$$(3)\qquad f^{\tilde\tau}_{\mu_1,\ldots,\mu_p} = \sum_{1\le\nu_1<\ldots<\nu_p\le n} (f^{\tau}_{\nu_1,\ldots,\nu_p}\circ\varphi)\cdot\det(D_{\nu_i}\varphi_{\nu_k}).$$

**13.3** Wie wir soeben festgestellt haben, genügen im Falle $\tilde\tau(\tilde T)\subset\tau(T)$ die p-Formen $\omega^{\tau} := \tau^*\omega$ und $\omega^{\tilde\tau} := \tilde\tau^*\omega$ auf T und $\tilde T$, wenn wir noch $\varphi^{\tau\tilde\tau} =: \varphi$ setzen, der folgenden *Verträglichkeitsbedingung:*

$$(4)\qquad \omega^{\tilde\tau} = \varphi^*\omega^{\tau}.$$ [24)]

Umgekehrt liege nun vor: a) ein Atlas $\mathfrak{A}$ von U, der *vollständig* ist in dem Sinne, daß zu je zwei Karten $\tau\colon T \to U$ und $\tilde{\tilde\tau}\colon \tilde{\tilde T} \to U$ aus $\mathfrak{A}$ mit nichtleerem $I := \tau(T) \cap \tilde{\tilde\tau}(\tilde{\tilde T})$ eine Karte $\tilde\tau\colon \tilde T \to U$ in $\mathfrak{A}$ existiert mit $\tilde\tau(\tilde T) = I$. Weiter sei gegeben: b) für jede Karte $\tau\colon T \to U$ aus $\mathfrak{A}$ eine p-Form $\omega^{\tau}$ auf T derart, daß für je zwei Karten $\tau\colon T \to U$ und $\tilde\tau\colon \tilde T \to U$ aus $\mathfrak{A}$ mit $\tilde\tau(\tilde T) \subset \tau(T)$ die Verträglichkeitsbedingung (4) erfüllt ist.

Für jede Karte $\tau\colon T \to U$ aus $\mathfrak{A}$ existiert nun nach 13.2 auf τ(T) genau eine p-Form $\omega_{\tau}$ mit $\tau^*\omega_{\tau} = \omega^{\tau}$. Wir behaupten: sind $\tau\colon T \to U$ und

$\tilde{\tau}: \tilde{T} \to U$ zwei Karten aus $\mathfrak{A}$ mit nichtleerem $I := \tau(T) \cap \tilde{\tau}(\tilde{T})$, so stimmen $\omega_\tau$ und $\omega_{\tilde{\tau}}$ auf I überein. Wegen a) genügt es, dies zu beweisen für den Fall $\tilde{\tau}(\tilde{T}) \subset \tau(T)$. Nun ergibt sich aus (4): $\tilde{\tau}^*\omega_{\tilde{\tau}} = \omega^{\tilde{\tau}} = \varphi^*(\omega^\tau) = \varphi^*(\tau^*\omega_\tau) = \tilde{\tau}^*\omega_\tau$ (letzteres, weil $\tau \circ \varphi = \tilde{\tau}$ wegen $\tilde{\tau}(\tilde{T}) \subset \tau(T)$ und daher $\varphi^* \circ \tau^* = \tilde{\tau}^*$ ist); hieraus folgt nach 13.2, daß $\omega_{\tilde{\tau}}$ und $\omega_\tau$ auf $\tilde{\tau}(\tilde{T})$ übereinstimmen. Damit ist die Behauptung bewiesen. Aus ihr folgt nun die Existenz genau einer p-Form $\omega$ auf U, die für jede Karte $\tau: T \to U$ aus $\mathfrak{A}$ auf $\tau(T)$ mit $\omega_\tau$ identisch ist. Sie ist die einzige p-Form $\omega$ auf U mit $\tau^*\omega = \omega^\tau$ für jede Karte $\tau$ aus $\mathfrak{A}$.

Damit haben wir die wichtige *Möglichkeit, eine* p-*Form auf ganz* U *zu definieren, indem wir sie nur lokal definieren,* d.h. indem wir nur die p-Formen $\tau^*\omega$ auf den Kartenblättern T eines vollständigen Atlasses $\mathfrak{A}$ von U definieren. Dies nutzen wir im folgenden mehrfach aus.

Als weitere Konsequenz der vorstehenden Überlegungen merken wir noch an: haben zwei p-Formen $\omega$ und $\bar{\omega}$ auf U die Eigenschaft, daß $\tau^*\omega = \tau^*\bar{\omega}$ ist für alle Karten $\tau$ mindestens eines Atlasses von U, so ist $\omega = \bar{\omega}$.

**13.4** · Nach diesen Vorbereitungen können wir nun auch die Analysis der p-Formen auf U entwickeln. Wir beginnen mit folgender

DEFINITION 1. Es sei $p \geq 0$. Eine p-Form $\omega$ auf U heiße *stetig* bzw. *stetig differenzierbar*, wenn für jede Karte $\tau: T \to U$ von U die p-Form $\tau^*\omega$ auf T stetig bzw. stetig differenzierbar ist [25].

Nach der Definition in 12.4 und unseren Überlegungen am Ende von 13.2 ist eine p-Form $\omega$ auf U mit $p \geq 1$ stetig bzw. stetig differenzierbar genau dann, wenn ein Atlas $\mathfrak{A}$ von U derart existiert, daß für jede Karte $\tau$ aus $\mathfrak{A}$ die Funktionen $f^\tau_{\nu_1,\dots,\nu_p}$ in 13.2,(1) stetig bzw. stetig differenzierbar sind.

Eine o-Form $\omega$ auf U ist stetig genau dann, wenn sie, als Funktion $f: U \to \mathbb{R}$ betrachtet, stetig ist im üblichen Sinne.

Nun sei eine stetig differenzierbare p-Form $\omega$ auf U gegeben ($p \geq o$). Wir wollen das Differential $d\omega$ von $\omega$ definieren. Für jede Karte $\tau: T \to U$ von U ist die p-Form $\omega^\tau := \tau^*\omega$ stetig differenzierbar. Es existiert daher ihr Differential $d\omega^\tau$. Ist $\tilde{\tau}: \tilde{T} \to U$ eine zweite Karte von U, mit $\tilde{\tau}(\tilde{T}) \subset \tau(T)$, so ist $d\omega^{\tilde{\tau}} = \varphi^*(d\omega^\tau)$ nach 13.3,(4) und 12.6,(29). Die (p+1)-Formen $d\omega^\tau$ auf den Kartenblättern T genügen also ebenfalls der Verträglichkeitsbedingung 13.3,(4). Folglich existiert nach 13.3 genau eine (p+1)-Form $d\omega$ auf U derart, daß $\tau^*(d\omega) = d\omega^\tau$, also $\tau^*(d\omega) = d(\tau^*\omega)$ ist für jede Karte $\tau: T \to \hat{M}$ von $\hat{M}$ mit $\tau(T) \subset U$.

DEFINITION 2. Es sei $p \geq o$. Ist $\omega$ eine stetig differenzierbare p-Form auf U, so heiße die (p+1)-Form $d\omega$ auf U mit der Eigenschaft $\tau^*(d\omega) = d(\tau^*\omega)$ für jede Karte $\tau: T \to U$ von U das *Differential* von $\omega$.[25)]

$d\omega$ ist stetig und hat die Eigenschaften 12.4,(12) und (14) (sie übertragen sich automatisch von den Kartenblättern T auf U).

Hat $\omega$ für eine Karte $\tau: T \to U$ von U auf dem Kartenblatt T die Darstellung 13.2,(1), so ist nach 12.4,(11)

$$\tau^*(d\omega) = \sum_{\nu=1}^{n} \overline{\sum_{1 \leq \nu_1 < \ldots < \nu_p \leq n}} D_\nu f^\tau_{\nu_1,\ldots,\nu_p} \, dt_\nu \wedge dt_{\nu_1} \wedge \ldots \wedge dt_{\nu_p} .$$

Sind für mindestens einen Atlas von U die Funktionen $f^\tau_{\nu_1,\ldots,\nu_p}$ 2-mal stetig differenzierbar, so gilt wieder die Schwarzsche Gleichung $dd\omega = o$.

**13.5** Durch eine zweite Anwendung des in 13.3 angegebenen Verfahrens definieren wir eine wichtige, spezielle n-Form auf $\hat{M}$, falls die n-Mannigfaltigkeit M orientierbar ist. Sei $\mathcal{O}$ eine Orientierung von M. Dann ist die Menge aller Karten $\tau, \tilde{\tau}, \ldots$ von $\hat{M}$ mit $\tau_+ \in \mathcal{O}$,

$\tilde{\tau}_+ \in \mathfrak{O}, \ldots$ ein vollständiger Atlas $\mathfrak{A}$ von $\widehat{M}$ (vgl. 9.1 und 13.3). Es seien $\tau: T \to M$ und $\tilde{\tau}: \tilde{T} \to M$ zwei Karten aus $\mathfrak{A}$ mit $\tilde{\tau}(\tilde{T}) \subset \tau(T)$. Wir betrachten die stetig differenzierbaren p-Formen

$$\nu^\tau := \sqrt{g}\, dt_1 \wedge \ldots \wedge dt_n, \quad \nu^{\tilde{\tau}} := \sqrt{\tilde{g}}\, d\tilde{t}_1 \wedge \ldots \wedge d\tilde{t}_n$$

auf T und $\tilde{T}$ ($g, \tilde{g}$ die Gramsche Determinante von $\tau, \tilde{\tau}$). Aus 12.6,(24) und (25) folgt

$$(5) \qquad \varphi^*(dt_1 \wedge \ldots \wedge dt_n) = \det D\varphi \cdot d\tilde{t}_1 \wedge \ldots \wedge d\tilde{t}_n .$$

Wegen 5.1,(3) genügen also $\nu^\tau$ und $\nu^{\tilde{\tau}}$ der Verträglichkeitsbedingung 13.3,(4). Folglich existiert nach 13.3 genau eine stetig differenzierbare n-Form $\nu$ auf $\widehat{M}$ mit

$$(6) \qquad \tau^*\nu = \sqrt{g}\, dt_1 \wedge \ldots \wedge dt_n$$

für jede Karte $\tau$ aus $\mathfrak{A}$. Sie heiße die *Volumenform* von $(M, \mathfrak{O})$. Weil $g, \tilde{g}, \ldots$ nirgends verschwindet, hat $\nu$ keine Nullstellen.

*Beispiele.*

1. Die Volumenform des $E^n$ ist $\nu = dx_1 \wedge \ldots \wedge dx_n$.

2. Die Volumenform einer orientierten Kurve wird in der Differentialgeometrie als ihr "Linienelement" ds bezeichnet; analog die Volumenform einer orientierten Fläche als ihr "Flächenelement" $do$.

3. Für eine orientierte Hyperfläche H im $E^{n+1}$ stimmt die Volumenform $\nu$ mit der in 13.1, Beispiel 2 definierten n-Form $\nu$ überein.

**13.6** Für jede Funktion $f: U \to \mathbb{R}$ ist $\omega := f\nu$ eine p-Form auf U. Dies ist trivial.

Umgekehrt sei $\omega$ eine beliebige n-Form auf U. Für jeden Punkt x von

U ist nach 13.1 die Funktion $\omega_x$, definiert durch $\omega_x(v_1,\ldots,v_n) := \omega(x;v_1,\ldots,v_n)$, eine alternierende, n-fache Linearform auf dem Tangentialraum $\mathfrak{T}_x M$ in x an M. Nun hat der Vektorraum $\mathfrak{T}_x M$ die Dimension n, also der Vektorraum aller alternierenden, n-fachen Linearformen auf $\mathfrak{T}_x M$ nach 11.5 die Dimension $\binom{n}{n} = 1$. Die alternierende, n-fache Linearform $\nu_x$ ist ein Element $\neq 0$ dieses Vektorraumes. Folglich existiert eine Zahl $f_x \in \mathbb{R}$ mit $\omega_x = f_x \nu_x$. Definieren wir die Funktion $f: U \to \mathbb{R}$ durch $f(x) := f_x$, so ist also $\omega = f\nu$. Damit haben wir den wichtigen

SATZ. *Zu jeder* n-*Form* $\omega$ *auf* U *(*M *orientiert) existiert (genau) eine Funktion* $f: U \to \mathbb{R}$ *derart, daß* $\omega = f\nu$ *ist.*

Aus (6) folgt, daß $\omega$ für jede Karte $\tau: T \to U$ von U mit $\tau_+ \in \mathfrak{O}$ auf T die Normaldarstellung

$$(7) \qquad \tau^*\omega = (f \circ \tau)\sqrt{g}\, dt_1 \wedge \ldots \wedge dt_n$$

hat, wobei g die Gramsche Determinante von $\tau$ ist.

Da $\nu$ keine Nullstellen hat, sind die Nullstellen von $\omega$ die Nullstellen von f. Aus (7) und 13.2 folgt, daß $\omega$ genau dann stetig bzw. stetig differenzierbar ist, wenn f stetig bzw. stetig differenzierbar ist (für letzteres ist f als o-Form auf U zu betrachten).

*Beispiel.*

Ist G eine offene Menge des $E^n$, so sind die n-Formen auf $\widehat{G} = G \cup \partial G$ die Formen $f\, dx_1 \wedge \ldots \wedge dx_n$ mit $f: \widehat{G} \to \mathbb{R}$.

**13.7** Wie gut der geometrische Begriff einer orientierbaren n-Mannigfaltigkeit und der Begriff einer stetigen n-Form zusammenpassen, zeigt folgender

SATZ. *Eine* n-*Mannigfaltigkeit* M *im* $E^m$ *ist genau dann orientierbar, wenn auf* M *eine stetige* n-*Form ohne Nullstellen existiert.*

BEWEIS. Ist M orientierbar, so ist die Volumenform $\nu$ von M eine stetige n-Form ohne Nullstellen nach 13.5. Umgekehrt existiere auf M eine stetige n-Form $\omega$ ohne Nullstellen. Wir betrachten alle Karten $\tau: T \to M$ von M mit zusammenhängenden Kartenblättern T. Für jedes solche $\tau$ ist $\tau^*\omega$ eine stetige n-Form auf T ohne Nullstellen. Nach 13.6 ist $\tau^*\omega = f^\tau\, dt_1 \wedge \ldots \wedge dt_n$, wobei $f^\tau$ eine stetige, reelle Funktion auf T ohne Nullstellen ist. Wegen des Zusammenhanges von T ist $f^\tau > o$ oder $f^\tau < o$ auf ganz T. Im letzteren Fall lassen wir die Karte $\tau$ weg (die Karte $\tau': T' \to M$, definiert in 7.2, gehört ebenfalls zu den betrachteten Karten und es ist $f^{\tau'} > o$ überall in T'). Die Familie $\mathfrak{A}$ aller verbleibenden Karten $\tau: T \to M$ von M ist ein Atlas von M. Wir zeigen, daß $\mathfrak{A}$ einheitlich ist. Hierzu genügt es zu beweisen, daß für je zwei Karten $\tau: T \to M$ und $\tilde\tau: \tilde T \to M$ aus $\mathfrak{A}$ mit $\tilde\tau(\tilde T) \subset \tau(T)$ der Kartenwechsel $\varphi := \varphi^{\tau\tilde\tau}$ der Bedingung det $D\varphi > o$ überall in $\tilde T$ genügt. Die n-Formen $\tau^*\omega$ und $\tilde\tau^*\omega$ genügen der Verträglichkeitsbedingung 13.3,(4). Also ist $\tilde\tau^*\omega = \varphi^*(\tau^*\omega)$ und daher $f^{\tilde\tau}\, d\tilde t_1 \wedge \ldots \wedge d\tilde t_n = \varphi^*(f^\tau\, dt_1 \wedge \ldots \wedge dt_n)$; letzteres ist nach 12.6, (24) weiter $= (f^\tau \circ \varphi)\cdot \det D\varphi \cdot d\tilde t_1 \wedge \ldots \wedge d\tilde t_n$. Aus $f^\tau > o$ und $f^{\tilde\tau} > o$ folgt nun det $D\varphi > o$ überall in $\tilde T$. ⌋

## § 14. Zurückholen einer p-Form

Die beiden Fälle des Zurückholens von p-Formen in § 12 und § 13 legen die Frage nach einem gemeinsamen Oberbegriff nahe. Einen solchen werden wir jetzt entwickeln. Als weiterer, für die Anwendungen wichtiger Spezialfall dieses Oberbegriffes wird sich die Restriktion einer auf einer offenen Menge G des $E^m$ definierten p-Form auf eine n-Mannigfaltigkeit $M \subset G$ ergeben.

**14.1** Es liege die Situation von 10.1 vor. Für jeden Punkt $\dot{x} \in \dot{U}$ und seinen Bildpunkt $x = \Psi(\dot{x}) \in U$ wollen wir eine lineare Abbildung

$$d\Psi_{\dot{x}} : \mathfrak{T}_{\dot{x}}\dot{M} \to \mathfrak{T}_x M$$

des Tangentialraumes $\mathfrak{T}_{\dot{x}}\dot{M}$ an $\dot{M}$ in $\dot{x}$ in oder auf den Tangentialraum $\mathfrak{T}_x M$ an M in x definieren ("Linearisierung" der Abbildung $\Psi$). Hierzu wählen wir ein Paar $(\tau,\dot{\tau})$, bestehend aus einer den Punkt $\dot{x}$ überdeckenden Karte $\dot{\tau}: \dot{T} \to \dot{U}$ von $\dot{U}$ und einer den Punkt x überdeckenden Karte $\tau: T \to U$ von U mit $\Psi(\dot{\tau}(\dot{T})) \subset \tau(T)$. Sei $x = \tau(t)$ mit $t \in T$ und $\dot{x} = \dot{\tau}(\dot{t})$ mit $\dot{t} \in \dot{T}$. Die Karten $\dot{\tau}$ und $\tau$ liefern nach 13.2 die Isomorphismen

$$d\dot{\tau}_{\dot{t}} : \mathfrak{V}_{\dot{t}} \to \mathfrak{T}_{\dot{x}}\dot{M}, \quad d\tau_t : \mathfrak{V}_t \to \mathfrak{T}_x M$$

($\mathfrak{V}_{\dot{t}} = \mathfrak{V}_{\dot{t}}\mathbb{R}^{\dot{n}}$ und $\mathfrak{V}_t = \mathfrak{V}_t\mathbb{R}^n$ sind analog definiert wie $\mathfrak{V}_{x_0} = \mathfrak{V}_{x_0}E^m$ in 6.3). Die in 10.1 definierte $C^2$-Abbildung $\psi^{\tau\dot{\tau}}: \dot{T} \to T$ liefert nach 12.6 die lineare Abbildung

$$d\psi_{\dot{t}}^{\tau\dot{\tau}} : \mathfrak{V}_{\dot{t}} \to \mathfrak{V}_t.$$

Dann ist

$$d\Psi_{\dot{x}} := d\tau_t \circ d\psi_{\dot{t}}^{\tau\dot{\tau}} \circ (d\dot{\tau}_{\dot{t}})^{-1}$$

die gesuchte Abbildung von $\mathfrak{T}_{\dot{x}}\dot{M}$ in oder auf $\mathfrak{T}_x M$.

Wir behaupten, daß $d\Psi_{\dot{x}}$ vom gewählten Paar $(\tau,\dot{\tau})$ unabhängig ist. Erstens seien nämlich $(\tau^1,\dot{\tau})$ und $(\tau^2,\dot{\tau})$ zwei Paare mit $\dot{x} = \dot{\tau}(\dot{t})$, $\dot{t} \in \dot{T}$ und $x = \tau^1(t^1) = \tau^2(t^2)$, $t^1 \in T^1$, $t^2 \in T^2$. Dann ist zunächst $\psi^{\tau^1\dot{\tau}} = \varphi^{\tau^1\tau^2} \circ \psi^{\tau^2\dot{\tau}}$ und $\tau^1 \circ \varphi^{\tau^1\tau^2} = \tau^2$ ($\varphi^{\tau^1\tau^2}$ der Kartenwechsel von $\tau^1$ in $\tau^2$; vgl. §4). Es folgt $d\tau^1_{t^1} \circ d\psi_{\dot{t}}^{\tau^1\dot{\tau}} = d\tau^1_{t^1} \circ d\varphi_{t^2}^{\tau^1\tau^2} \circ d\psi_{\dot{t}}^{\tau^2\dot{\tau}} = d\tau^2_{t^2} \circ d\psi_{\dot{t}}^{\tau^2\dot{\tau}}$.[26] Zweitens seien $(\tau,\dot{\tau}^1)$ und $(\tau,\dot{\tau}^2)$ zwei Paare mit $\dot{x} = \dot{\tau}^1(\dot{t}^1) = \dot{\tau}^2(\dot{t}^2)$, $\dot{t}^1 \in \dot{T}^1$. $\dot{t}^2 \in \dot{T}^2$ und $x = \tau(t)$. Dann ist $\psi^{\tau\dot{\tau}^2} = \psi^{\tau\dot{\tau}^1} \circ \varphi^{\dot{\tau}^1\dot{\tau}^2}$ und $\dot{\tau}^2 = \dot{\tau}^1 \circ \varphi^{\dot{\tau}^1\dot{\tau}^2}$. Aus $d\Psi_{\dot{x}} \circ d\dot{\tau}^1_{\dot{t}^1} = d\tau_t \circ d\psi_{\dot{t}_1}^{\tau\dot{\tau}^1}$ folgt daher $d\Psi_{\dot{x}} \circ d\dot{\tau}^2_{\dot{t}^2} = d\tau_t \circ d\phi^{\tau\dot{t}^2}_{\dot{t}^2}$. ⌋

Wir nennen $d\Psi$ das *Differential* der $C^2$-Abbildung $\Psi$.

**14.2** Für jedes ganze $p \geq o$ definieren wir nun eine lineare Abbildung

$$\Psi^*: \Omega^p(U) \to \Omega^p(\dot{U}),$$

das *Zurückholen* der p-Formen von U auf $\dot{U}$.

p = o. Ist $\omega$ eine o-Form auf U, also eine Funktion $f: U \to \mathbb{R}$, so ist

$$\Psi^*\omega := f \circ \Psi$$

eine o-Form auf U.

$p \geq 1$. Es sei $\dot{U}_*$ die Menge aller (p+1)-Tupel $(\dot{x};\dot{v}_1,\ldots,\dot{v}_p)$ mit $\dot{x} \in \dot{U}$; $\dot{v}_1,\ldots,\dot{v}_p \in \mathcal{T}_{\dot{x}}\dot{M}$ und $U_*$ die Menge aller (p+1)-Tupel $(x;v_1,\ldots,v_p)$ mit $x \in U$; $v_1,\ldots,v_p \in \mathcal{T}_x M$. Endlich sei $\Psi_*: \dot{U}_* \to U_*$ die Abbildung

$$(\dot{x};\dot{v}_1,\ldots,\dot{v}_p) \mapsto (\Psi(\dot{x}); d\Psi_{\dot{x}}(\dot{v}_1),\ldots,d\Psi_{\dot{x}}(\dot{v}_p)).$$

Ist nun $\omega$ eine p-Form auf U, so ist

$$\Psi^*\omega := \omega \circ \Psi_*$$

eine p-Form auf $\dot{U}$.

Daß die Abbildung $\Psi^*$ für jedes $p \geq o$ linear ist, ist trivial. Aus der Definition der alternierenden Multiplikation in 11.2 folgt weiter, daß $\Psi^*$ mit dem Produktoperator $\wedge$ verträglich ist.

Schließlich behaupten wir, daß $\Psi^*$ auch mit der Stetigkeit und dem Differentialoperator d verträglich ist.

Sei nämlich $\omega$ eine stetige p-Form auf U. Behauptet wird, daß $\Psi^*\omega$ stetig ist. Hierzu wählen wir ein Paar $(\tau,\dot{t})$ wie in 14.1. Es genügt zu zeigen, daß $\Psi^*\omega$ auf $\dot{t}(\dot{T})$ stetig ist. Nach 13.4, Definition 1 ist $\tau^*\omega$ stetig. Nach 12.6,(29) ist weiter $\Psi(\tau^*\omega)$ mit $\psi := \psi^{\tau\dot{t}}$ stetig.

Wegen $\tau \circ \psi = \Psi \circ \dot{\tau}$ ist $\psi^* \circ \tau^* = \dot{\tau}^* \circ \Psi^*$. Also ist $\dot{\tau}^*(\Psi^*\omega)$ stetig. Nach 13.4, Definition 1 ist also $\Psi^*\omega$ auf $\dot{\tau}(\dot{T})$ stetig.

Nun sei $\omega$ stetig differenzierbar. Wörtlich wie soeben folgt, daß $\Psi^*\omega$ stetig differenzierbar ist. Es existiert also $d(\Psi^*\omega)$. Wir behaupten die Gleichung

(1) $\Psi^*(d\omega) = d(\Psi^*\omega)$.

Nach 13.3, Ende genügt es zu zeigen: ist $(\tau,\dot{\tau})$ ein Paar wie in 14.1, so ist $\dot{\tau}^*(\Psi^*(d\omega)) = \dot{\tau}^*(d(\Psi^*\omega))$. Nun ist $\dot{\tau}^*(\Psi^*(d\omega)) = \psi^*(\tau^*(d\omega))$ wegen $\dot{\tau}^* \circ \Psi^* = \psi^* \circ \tau^*$, also $= d(\psi^*(\tau^*\omega)$ nach 13.4, Definition 2 und 12.6,(30), also $= d(\tau^*(\Psi^*\omega))$ wegen $\psi^* \circ \tau^* = \dot{\tau}^* \circ \Psi^*$, also $= \dot{\tau}^*(d(\Psi^*\omega))$ nach 13.4, Definition 2. _|

**14.3** Jetzt sei $\Psi$ ein $C^2$-Diffeomorphismus von $\dot{U}$ auf $U$ (vgl. 10.2). Dann ist für jedes $p \geq o$ das Zurückholen der p-Formen von $U$ auf $\dot{U}$ ein Isomorphismus $\Psi^*\colon \Omega^p(U) \to \Omega^p(\dot{U})$.

Wir wollen speziell das Zurückholen der Volumenformen betrachten. Die beiden n-Mannigfaltigkeiten $\dot{M}$ und $M$ seien also orientiert und für ihre Orientierungen $\dot{\mathfrak{O}}$ und $\mathfrak{O}$ gelte $\mathfrak{O} = \Psi(\dot{\mathfrak{O}})$. Es seien $\dot{\nu}$ und $\nu$ die Volumenformen von $(\dot{M},\dot{\mathfrak{O}})$ und $(M,\mathfrak{O})$. Wir behaupten die Gleichung

(2) $\Psi^*\nu = J_\Psi \cdot \dot{\nu}$.

($J_\Psi$ ist in 10.3 definiert.) Da $\Psi^*\nu$ eine n-Form auf $\dot{U}$ ist, existiert nach 13.6 eine Funktion $\dot{f}\colon \dot{U} \to \mathbb{R}$ derart, daß $\Psi^*\nu = \dot{f} \cdot \dot{\nu}$ ist. Nun sei $\dot{\tau}\colon T \to \dot{U}$ eine beliebige Karte von $\dot{U}$ mit $\dot{\tau}_+ \in \dot{\mathfrak{O}}$ und es sei $\tau := \Psi \circ \dot{\tau}$. Nach 13.5,(6) ist einerseits $\tau^*\nu = \sqrt{g}\, dt_1 \wedge \ldots \wedge dt_n$ und andererseits $\tau^*\nu = \dot{\tau}^*(\Psi^*\nu) = \dot{\tau}^*(\dot{f}\cdot\dot{\nu}) = (\dot{f} \circ \dot{\tau})\, dt_1 \wedge \ldots \wedge dt_n$. Daher ist $(\dot{f} \circ \dot{\tau}) \sqrt{\dot{g}} = \sqrt{g}$. Dies gilt für jedes $\dot{\tau}$. Folglich ist $\dot{f} = J_\Psi$. _|

**14.4** Wir behandeln jetzt noch den zu Beginn des § 14 erwähnten Spezialfall einer *Restriktion*. Es sei also $G$ eine offene Menge des $E^m$ und $M$ eine n-Mannigfaltigkeit mit $\widehat{M} \subset G$. Sodann sei $\iota\colon \widehat{M} \to G$ die Inklusion von $\widehat{M}$ in $G$, also die identische Abbildung von $\widehat{M}$ auf sich, betrachtet als Abbildung von $\widehat{M}$ in G. Wir untersuchen die zugehörigen linearen Abbildungen $\iota^*: \Omega^p(G) \to \Omega^p(\widehat{M})$, von denen wir nach 14.2 wissen, daß sie mit dem Produktoperator $\wedge$, der Stetigkeit und dem Differentialoperator d verträglich sind.

p = o. Eine o-Form auf G ist eine Funktion $f: G \to \mathbb{R}$. Nach 13.1 ist dann $\iota^*\omega = f \circ \iota$, also $\iota^*$ die Restriktion von f auf $\widehat{M}$.

$p \geq 1$. Eine p-Form $\omega$ auf G ist nach 12.1 eine reelle Funktion auf der Menge G aller (p+1)-Tupel $(x;v_1,\ldots,v_n)$ mit $x \in G;\ v_1,\ldots,v_p \in \mathfrak{V}_x = \mathfrak{V}_x E^m$ (vgl. 6.1). Sie enthält als Teilmenge die Menge $\widehat{M}_*$ aller (p+1)-Tupel $(x;v_1,\ldots,v_p)$ mit $x \in \widehat{M};\ v_1,\ldots,v_p \in \mathfrak{T}_x M$ (vgl. 6.2), also den Definitionsbereich aller p-Formen auf $\widehat{M}$. Nach der Definition von $\Psi^*$ in 14.2, jetzt mit $\iota^*$ statt $\Psi^*$, ist folglich $\iota^*$ die Restriktion der p-Form $\omega$ von $G_*$ auf $\widehat{M}_*$ oder, wie wir sagen wollen, von G auf $\widehat{M}$.

**14.5** Schließlich sei $\omega$ eine n-Form auf G in der Normaldarstellung 12.3,(4). Außerdem sei die n-Mannigfaltigkeit M mit $\widehat{M} \subset G$ orientiert. Dann kann die n-Form $\iota_*\omega$ auf $\widehat{M}$ nach 13.6 in der Gestalt $\iota_*\omega = f\cdot\nu$ geschrieben werden. Es ist wichtig, die hierin auftretende Funktion $f: \widehat{M} \to \mathbb{R}$ aus den Koeffizientenfunktionen $f_{\mu_1,\ldots,\mu_n}$ von $\omega$ zu berechnen.

Wir betrachten zunächst eine n-Form $\omega' = h\, dx_{\mu_1} \wedge \ldots \wedge dx_{\mu_n}$ auf G. Einerseits gilt nun 12.3,(7) mit $\iota_*\omega'$ statt $\omega$. Andererseits ist für jede Karte $\tau$ von $\widehat{M}$ nach 12.6,(24) und (25)

$$\tau^*\omega' = (h \circ \tau)\det(D_i\tau_{\mu_k})\, dt_1 \wedge \ldots \wedge dt_n .$$

Da $\tau^*(\iota^*(\omega')) = \tau^*\omega'$ ist, folgt wegen 8.1

$$f \circ \tau = (h \circ \tau)\cdot(c_{\mu_1,\ldots,\mu_n} \circ \tau).$$

Für $\omega' = h\, dx_{\mu_1} \wedge \ldots \wedge dx_{\mu_n}$ ist also $\iota^*\omega' = f'\nu$ mit

$$f' = h \cdot c_{\mu_1,\ldots,\mu_n} .$$

Daher lautet die gesuchte Darstellung von f folgendermaßen:

$$f = \sum_{1 \le \mu_1 < \ldots < \mu_n \le m} f_{\mu_1,\ldots,\mu_n} \cdot c_{\mu_1,\ldots,\mu_n}.$$

Dabei sind die $c_{\mu_1,\ldots,\mu_n}$ die Stellungscosinus von M.

# III. Riemannsche Integration auf einer Mannigfaltigkeit

Wir entwickeln in diesem Kapitel die Riemannsche Integration stetiger reeller Funktionen und stetiger n-Formen mit kompakten Trägern auf einer n-Mannigfaltigkeit im $E^m$. Dies genügt für den Allgemeinheitsgrad, in dem wir den Stokesschen Integralsatz beweisen wollen.

## § 15. Integral einer stetigen Funktion

**15.1** Im $E^m$ liege eine n-Mannigfaltigkeit M vor. Wir betrachten die stetigen Funktionen $f: \widehat{M} \to \mathbb{R}$, deren Träger Tr f kompakt und $\subset \widehat{M}$ sind. Die Menge $\mathcal{K}(\widehat{M})$ dieser Funktionen f ist ein Vektorraum über $\mathbb{R}$. (Ist $\overline{M}$ kompakt und $\partial M = \overline{M} \setminus M$, also $\widehat{M} = \overline{M}$, so ist $\mathcal{K}(\widehat{M})$ die Menge aller stetigen Funktionen $f: \overline{M} \to \mathbb{R}$.)

Unser Ziel ist es, für jede Funktion f aus $\mathcal{K}(\widehat{M})$ ein Integral

(1) $$\int_M f \, d\sigma^n \qquad (\in \mathbb{R})$$

zu definieren, und zwar derart, daß erstens für je zwei Funktionen $f, \bar{f} \in \mathcal{K}(\widehat{M})$ und je zwei Zahlen $c, \bar{c} \in \mathbb{R}$ die Gleichung

(2) $$\int_M (cf + \bar{c}\bar{f}) \, d\sigma^n = c \int_M f \, d\sigma^n + \bar{c} \int_M \bar{f} \, d\sigma^n$$

besteht und zweitens gilt:

(3) ist $f \geq 0$, so ist $\int_M f \, d\sigma^n \geq 0$.

Wir führen die Definition in zwei Schritten aus. Beim ersten Schritt setzen wir voraus, daß Tr f "klein" ist, d.h. daß Tr f von einer Karte von $\widehat{M}$ überdeckt wird. Beim zweiten Schritt wird die beliebige Funktion f aus $\mathcal{K}(\widehat{M})$ mittels einer Zerlegung der Eins (vgl. § 24) als Summe endlich vieler Funktionen aus $\mathcal{K}(\widehat{M})$ mit "kleinen" Trägern dargestellt und auf jeden Summanden die Definition des ersten Schrittes angewandt.

**15.2** Erster Schritt. Es sei f eine Funktion aus $\mathcal{K}(\widehat{M})$, zu der eine Karte $\tau\colon T \to \widehat{M}$ von $\widehat{M}$ mit Tr $f \subset \tau(T)$ existiert. Wir definieren:

$$(4) \qquad \int_M f\, d\sigma^n := \int_{T_+} (f \circ \tau)\sqrt{g}\, dt.$$

Dabei bedeutet g die Gramsche Determinante von $\tau$. Das Integral auf der rechten Seite ist das Riemannsche Integral (die stetige Funktion $(f \circ \tau)\sqrt{g} : T \to \mathbb{R}$ hat einen kompakten Träger $\subset T$; dieser kann überdeckt werden durch endlich viele abgeschlossene Quader $\subset T$, zu je zwei ohne gemeinsame innere Punkte; die Summe der Integrale über diese Quader ist gleich dem Integral auf der rechten Seite von (4)); wir nennen daher $\int_M f\, d\sigma^n$ das *Riemannsche Integral* von f über M.

Wir müssen noch beweisen, daß die Definition (4) von der Wahl der Karte $\tau$ unabhängig ist. Es sei also $\tilde{\tau}\colon \tilde{T} \to \widehat{M}$ eine zweite Karte von $\widehat{M}$ mit Tr $f \subset \tilde{\tau}(\tilde{T})$. Es ist dann die Gleichung

$$\int_{T_+} (f \circ \tau)\sqrt{g}\, dt = \int_{\tilde{T}_+} (f \circ \tilde{\tau})\sqrt{\tilde{g}}\, d\tilde{t}$$

zu beweisen. O.B.d.A. können wir dabei voraussetzen, daß $\tau(T) = \tilde{\tau}(\tilde{T})$ ist. Wir verwenden den Kartenwechsel $\varphi := \varphi^{\tau\tilde{\tau}}$ (vgl. § 4). Für jeden Punkt $\tilde{t} \in \tilde{T}_+$ und sein Bild $t = \varphi(\tilde{t}) \in T_+$ ist nach § 5,(4)

$$\sqrt{g(t)} \cdot |\det D\varphi(t)| = \sqrt{\tilde{g}(\tilde{t})}.$$

Hieraus ergibt sich nach dem Transformationssatz für das Riemannsche Integral [27)] die zu beweisende Gleichung.

Aus (4) folgt unmittelbar (3). Ist $\bar{f}$ eine zweite Funktion aus $\mathcal{K}(\widehat{M})$, deren Träger Tr $\bar{f}$ ebenfalls von der Karte $\tau$ überdeckt wird, und sind $c, \bar{c} \in \mathbb{R}$, so folgt aus (4) auch (2).

Zweiter Schritt. Es sei f eine beliebige Funktion aus $\mathcal{K}(\widehat{M})$. Wegen der Kompaktheit von $K := \mathrm{Tr}\, f$ und wegen $K \subset \widehat{M}$ existieren zufolge 3.2,(2) endlich viele Karten $\tau^j: T^j \to \widehat{M}$ von $\widehat{M}$ $(j=1,\ldots,r)$ mit der Eigenschaft $K \subset \bigcup \tau^j(T^j)$; dabei können wir jedes $T^j$ wählen als achsenparallelen Quader $\subset H^n$, offen in $H^n$, d.h. als Durchschnitt von $H^n$ mit einem offenen Quader des $\mathbb{R}^n$. Da jedes $\tau^j(T^j)$ in $\widehat{M}$ offen ist, existiert eine offene Menge $V_j$ des $E^m$ mit $\tau^j(T^j) = \widehat{M} \cap V_j$. Nun sei $(\varepsilon_1,\ldots,\varepsilon_r)$ eine der Überdeckung $(V_1,\ldots,V_r)$ von K untergeordnete Zerlegung der Eins (vgl. § 24). Dann ist $f = \varepsilon_1 f + \ldots + \varepsilon_r f$. Die Funktionen $\varepsilon_j f : \widehat{M} \to \mathbb{R}$ liegen in $\mathcal{K}(\widehat{M})$ und es gilt $\mathrm{Tr}\, \varepsilon_j f \subset \tau^j(T^j)$. Nach dem ersten Schritt ist also $\int\limits_M \varepsilon_j f\, d\sigma^n$ definiert. Jetzt sei

$$(5) \qquad \int\limits_M f\, d\sigma^n := \sum_{j=1}^{r} \int\limits_M \varepsilon_j f\, d\sigma^n.$$

Wir müssen noch zeigen, daß diese Definition unabhängig ist von der gewählten Zerlegung der Eins. Es sei also $(\tilde{\varepsilon}_1,\ldots,\tilde{\varepsilon}_s)$ eine zweite, analog gewählte Zerlegung der Eins. Aus (2) folgt für jedes j, weil $\mathrm{Tr}\,(\varepsilon_j\tilde{\varepsilon}_k f) \subset \tau^j(T^j)$ ist,

$$\int\limits_M \sum_k \varepsilon_j\tilde{\varepsilon}_k f\, d\sigma^n = \sum_k \int\limits_M \varepsilon_j\tilde{\varepsilon}_k f\, d\sigma^n,$$

und für jedes k, weil $\mathrm{Tr}\,(\varepsilon_j\tilde{\varepsilon}_k f) \subset \tilde{\tau}^k(\tilde{T}^k)$ ist,

$$\int\limits_M \sum_j \varepsilon_j\tilde{\varepsilon}_k f\, d\sigma^n = \sum_j \int\limits_M \varepsilon_j\tilde{\varepsilon}_k f\, d\sigma^n.$$

Also ist

$$\sum_j \int\limits_M \varepsilon_j f\, d\sigma^n = \sum_j \int\limits_M \sum_k \varepsilon_j\tilde{\varepsilon}_k f\, d\sigma^n =$$

$$\sum_{j,k} \int\limits_M \varepsilon_j\tilde{\varepsilon}_k f\, d\sigma^n =$$

$$\sum_k \int\limits_M \sum_j \varepsilon_j\tilde{\varepsilon}_k f\, d\sigma^n = \sum_k \int\limits_M \tilde{\varepsilon}_k f\, d\sigma^n,$$ was zu zeigen war.

Ist $f \geq 0$, so ist $\varepsilon_j f \geq 0$ für jedes j und daher $\int_M \varepsilon_j f\, d\sigma^n \geq 0$ nach dem ersten Schritt. Also gilt (3) wegen (5).

Nun seien $f, \bar{f} \in \mathcal{K}(\widehat{M})$ und $c, \bar{c} \in \mathbb{R}$. Dann ist $K := \mathrm{Tr}\, f \cup \mathrm{Tr}\, \bar{f}$ kompakt und $\subset \widehat{M}$. Zu diesem K wählen wir eine Zerlegung $(\varepsilon_1,\dots,\varepsilon_r)$ der Eins wie oben. Dann ist zunächst

$$cf + \bar{c}\bar{f} = \sum \varepsilon_j(cf + \bar{c}\bar{f}).$$

Nach dem ersten Schritt ist für jedes j

$$\int_M \varepsilon_j(cf + \bar{c}\bar{f})\, d\sigma^n = c\int_M \varepsilon_j f\, d\sigma^n + \bar{c}\int_M \varepsilon_j\bar{f}\, d\sigma^n.$$

Nach (5) ist daher

$$\int_M (cf + \bar{c}\bar{f})\, d\sigma^n = \sum \int_M \varepsilon_j(cf + \bar{c}\bar{f})\, d\sigma^n =$$

$$c\sum\int_M \varepsilon_j f\, d\sigma^n + \bar{c}\sum\int_M \varepsilon_j\bar{f}\, d\sigma^n =$$

$$c\int_M f\, d\sigma^n + \bar{c}\int_M \bar{f}\, d\sigma^n.$$

Also gilt (2). - Damit sind wir am Ziel.

Ist n = 1 oder n = 2, so schreibt man auch $\int_M f\, ds$ bzw. $\int_M f\, do$ statt $\int_M f\, d\sigma^n$ und spricht von einem *Linien-* bzw. *Flächenintegral*.

**15.3** Wegen § 5,(6) ist $\int_M f\, d\sigma^n$ invariant gegenüber orthogonalen, linearen Transformationen der Koordinaten des $E^m$.

**15.4** Wir betrachten folgenden speziellen Fall: G ist eine beschränkte, offene Menge des $E^n$ mit $\partial G = \bar{G}\setminus G$ und $f: \bar{G} \to \mathbb{R}$ stetig. Wir behaupten: $\int_G f\, d\sigma^n$ ist gleich dem Riemannschen Integral $\int_G f\, dx$. Erstens sind nämlich Riemannsche Integrale über G definiert, weil $\bar{G}\setminus G$ nach 2.2, Korollar 2 eine Jordansche Nullmenge ist; insbesondere existiert $\int_G f\, dx$. Zweitens kann f mittels einer Zerlegung der Eins dargestellt werden als Summe endlich vieler stetiger Funktionen $f^j: \bar{G} \to \mathbb{R}$ $(j=1,\dots,r)$ derart, daß zu jedem j eine Karte $\tau^j: T^j \to \bar{G}$ von $\bar{G}$ existiert mit folgenden zwei Eigenschaften: 1) $\operatorname{Tr} f^j \subset \tau^j(T^j)$; 2) $T^j$ ist ein achsenparalleler Quader $\subset H^n$, offen in $H^n$ (vgl. 15.2, zweiter Schritt). Nach 15.1,(2); 15.2,(4) und dem Transformationssatz ist dann

$$\int_G f\, d\sigma^n = \sum \int_G f^j\, d\sigma^n =$$

$$\sum \int_{T^j_+} (f^j \circ \tau^j) \sqrt{g^j}\, dt = \sum \int_G f^j\, dx = \int_G f\, dx.$$

**15.5** Für jede Funktion $f \in \mathcal{K}(\widehat{M})$ ist $| \int_M f\, d\sigma^n | \leq \int_M |f|\, d\sigma^n$. Denn aus $f = f^+ - f^-$ und $|f| = f^+ + f^-$ folgt wegen 15.1,(2) und (3)

$$|\int_M f\, d\sigma^n| = |\int_M f^+\, d\sigma^n - \int_M f^-\, d\sigma^n| \leq |\int_M f^+\, d\sigma^n| + |\int_M f^-\, d\sigma^n|$$

$$= \int_M f^+\, d\sigma^n + \int_M f^-\, d\sigma^n = \int_M |f|\, d\sigma^n.$$

Weiter sei $(f_j)_{j=1,2,\ldots}$ eine Folge von Funktionen aus $\mathcal{K}(\widehat{M})$, zu welcher eine kompakte Menge $K \subset \widehat{M}$ existiert mit $\mathrm{Tr}\, f_j \subset K$ für alle $j$; die Folge konvergiere gleichmäßig gegen eine Funktion $f$. Dann ist auch $f \in \mathcal{K}(\widehat{M})$ und es gilt $\int_M f\, d\sigma^n = \lim \int_M f_j\, d\sigma^n$. Zu beweisen ist nur die letztere Gleichung. Hierzu können wir wegen 15.2,(5) die Situation des ersten Schrittes in 15.2 voraussetzen. Die zu beweisende Gleichung folgt dann aus 15.2,(4).

Schließlich liege neben $M$ eine n-Mannigfaltigkeit $\dot{M}$ in einem $E^m$ vor und ein $C^2$-Diffeomorphismus $\Psi$ von $\widehat{\dot{M}}$ auf $\widehat{M}$. Für jede Funktion $f \in \mathcal{K}(\widehat{M})$ ist dann $\dot{f} := (f \circ \Psi) \cdot J_\Psi \in \mathcal{K}(\widehat{\dot{M}})$ (zur Definition von $J_\Psi$ vgl. 10.3). Dann gilt folgender

TRANSFORMATIONSSATZ. $\int_M f\, d\sigma^n = \int_{\dot{M}} (f \circ \Psi) \cdot J_\Psi\, d\sigma^n.$

Diese Gleichung ergibt sich wegen 15.2,(4) und (5) daraus, daß für jede Karte $\dot{\tau}$ von $\widehat{\dot{M}}$ und die zugehörige Karte $\tau = \Psi \circ \dot{\tau}$ von $\widehat{M}$ gilt $(f \circ \tau) \sqrt{g} = (\dot{f} \circ \dot{\tau}) \sqrt{\dot{g}}$.

Dieser Satz verallgemeinert den Transformationssatz für die Riemannschen Integrale über offene Mengen des $\mathbb{R}^n$, den wir in 15.2 benutzt haben.

**15.6** Sei $\overline{M}$ kompakt und $\partial M = \overline{M} \setminus M$ (also $\overline{M} = \widehat{M}$). Dann ist die konstante Funktion $f \equiv 1$ auf $\widehat{M}$ ein Element von $\mathcal{K}(\widehat{M})$.

DEFINITION. Die positive, reelle Zahl

$$\sigma^n(M) := \int_M d\sigma^n$$

heiße das *Maß* oder *Volumen* der Mannigfaltigkeit M.

*Beispiele.*

1. Im Fall $n = 1$ ist $\sigma^1(M)$ die Bogenlänge der Kurve M. Ist $\tau: T \to \widehat{M}$ eine globale Karte von $\widehat{M}$, so ist $\sigma^1(M) = \int_T \sqrt{\sum_\mu (D\tau_\mu)^2}\, dt$ (vgl. 1.1).

2. Im Fall $n = 2$, $m = 3$ ist $\sigma^2(M)$ der Flächeninhalt der Fläche M; hat $\widehat{M}$ eine globale Karte $\tau: T \to \widehat{M}$, so ist $\sigma^2(M) = \int_T \sqrt{g}\, dt = \int_T \sqrt{EG-F^2}\, dt$ (vgl. § 5).

3. Ist G eine beschränkte, offene Menge des $E^n$ mit $\partial G = \overline{G} \setminus G$, so ist $\sigma^n(G) = \int_G dx$ nach 15.4.

## § 16. Integral einer stetigen n-Form

**16.1** Im $E^m$ liege eine orientierte n-Mannigfaltigkeit $(M,\mathfrak{O})$ vor und eine stetige n-Form $\omega$ auf $\widehat{M}$ mit kompaktem Träger $\operatorname{Tr} \omega \subset \widehat{M}$. Ist $\nu$ die Volumenform von $(M,\mathfrak{O})$, so existiert nach 13.6 eine eindeutig bestimmte, stetige Funktion $f: \widehat{M} \to \mathbb{R}$ mit $\operatorname{Tr} f = \operatorname{Tr} \omega$ derart, daß $\omega = f\nu$ ist. Dies liefert folgende

DEFINITION.

$$(1)\qquad \int_{(M,\mathfrak{O})} \omega := \int_M f\, d\sigma^n.$$

Das linke Integral hängt von der Orientierung $\mathfrak{O}$ von M ab:

$$\int_{(M,-\mathfrak{O})} \omega = - \int_{(M,\mathfrak{O})} \omega.$$

Denn $-\nu$ ist die Volumenform von $(M,-\mathfrak{O})$; also ist $\omega = (-f)(-\nu)$ und daher

$$\int_{(M,-\mathfrak{O})} \omega = \int_M (-f)\, d\sigma^n = - \int_M f\, d\sigma^n.$$

Sind $\omega,\bar{\omega}$ zwei n-Formen der genannten Art und $c,\bar{c} \in \mathbb{R}$, so ist

$$\int_{(M,\mathfrak{O})} c\omega + \bar{c}\bar{\omega} = c \int_{(M,\mathfrak{O})} \omega + \bar{c} \int_{(M,\mathfrak{O})} \bar{\omega}.$$

Dieselben zwei Bemerkungen gelten für die folgende Zusatzdefinition. Sei M eine orientierte o-Mannigfaltigkeit im $E^m$, also eine isolierte Menge M mit einer Abbildung $\mathfrak{O}$: $M \to \{-1,+1\}$. Weiter sei $\omega$ eine o-Form auf M mit kompaktem Träger $\subset$ M, also eine Funktion f: $M \to \mathbb{R}$, die außer in höchstens endlich vielen Punkten x von M überall in M verschwindet.

ZUSATZDEFINITION.

$$(1_o)\qquad \int_M \omega := \sum_{x\in M} \mathfrak{O}(x)\cdot f(x).$$

*Beispiele.*

1. Ist G eine offene Menge des $E^n$ und $\omega$ eine stetige n-Form auf G mit kompaktem Träger Tr $\omega \subset \hat{G}$, so ist $\omega = f\, dx_1 \wedge \ldots \wedge dx_n$ (vgl. 13.6, Beispiel), also $\int_G \omega = \int_G f\, dx$ nach 15.4.

2. Ist $(M,\mathcal{O})$ eine orientierte n-Mannigfaltigkeit im $E^m$, $\overline{M}$ kompakt und $\partial M = \overline{M}\setminus M$, so ist $\int_{(M,\mathcal{O})} \nu = \sigma^n(M)$. Diese Gleichung rechtfertigt den Namen "Volumenform" für die n-Form $\nu$ (vgl. 13.5).

**16.2** In vielen Anwendungen liegt die folgende Situation vor. In einer offenen Menge G des $E^m$ ist eine stetige n-Form $\omega$ definiert. Außerdem ist eine orientierte n-Mannigfaltigkeit $(M,\mathcal{O})$ mit kompaktem Abschluß $\overline{M} \subset U$ und $\partial M = \overline{M}\setminus M$ gegeben. Für die Restriktion $\iota^*\omega$ von $\omega$ auf $\overline{M}$ (vgl. 14.4) sind dann die Voraussetzungen in 16.1 erfüllt. Wir können daher das "Integral von $\omega$ über $(M,\mathcal{O})$" definieren:

(2) $$\int_{(M,\mathcal{O})} \omega := \int_{(M,\mathcal{O})} \iota^*\omega.$$

Ist $\omega$ in der Normaldarstellung

$$\omega = \sum_{1\le\mu_1<\ldots<\mu_n\le m} f_{\mu_1,\ldots,\mu_n}\, dx_{\mu_1}\wedge\ldots\wedge dx_{\mu_n}$$

gegeben, so folgt aus 14.5

(3) $$\int_{(M,\mathcal{O})} \omega = \int_M \sum_{1\le\mu_1<\ldots<\mu_n\le m} f_{\mu_1,\ldots,\mu_n}\, c_{\mu_1,\ldots,\mu_n}\, d\sigma^n.$$

**16.3** Es seien $(\dot{M},\dot{\mathcal{O}})$ und $(M,\mathcal{O})$ zwei orientierte n-Mannigfaltigkeiten im $E^{\dot{m}}$ bzw. $E^m$ und $\Psi$ ein $C^2$-Homöomorphismus von $\hat{\dot{M}}$ auf $\hat{M}$ mit $\Psi(\dot{\mathcal{O}}) = \mathcal{O}$. Schließlich sei $\omega$ eine stetig differenzierbare n-Form auf $\hat{M}$ mit kompaktem Träger $\subset \hat{M}$. Die Zurückholung von $\omega$ mittels $\Psi$ von $\hat{M}$ auf $\hat{\dot{M}}$ (vgl. 14.2) ergibt die stetig differenzierbare n-Form $\dot{\omega} := \Psi^*\omega$ mit kompaktem Träger $\subset \hat{\dot{M}}$. Unter diesen Voraussetzungen gilt der

TRANSFORMATIONSSATZ. $$\int_{(M,\mathcal{O})} \omega = \int_{(\dot{M},\dot{\mathcal{O}})} \dot{\omega}.$$

Denn schreiben wir $\omega = f\nu$ und $\dot{\omega} = \dot{f}\dot{\nu}$, so lautet nach 16.1 die Behauptung: $\int_M f\, d\sigma^n = \int_{\dot{M}} \dot{f}\, d\sigma^n$. Nun ist $\dot{f}\dot{\nu} = \Psi^*\omega = \Psi^*(f\nu) = (f\circ\Psi)\cdot\Psi^*\nu = ((f\circ\Psi)\cdot J_\Psi)\cdot\dot{\nu}$, letzteres nach 14.3,(2). Es folgt $\dot{f} = (f\circ\Psi)\cdot J_\Psi$. Jetzt ergibt sich die Behauptung aus 15.5.[28)]

# IV. Die Integralsätze der Analysis

Nachdem wir in den Kapiteln I - III die erforderlichen Grundbegriffe entwickelt haben, kommen wir zum abschließenden Höhepunkt unserer Überlegungen, dem allgemeinen Integralsatz von Stokes und den klassischen Integralsätzen als Spezialfällen, sowie drei Anwendungen.

## § 17. Der Stokessche Integralsatz

**17.1** Für den Beweis des Stokesschen Satzes benötigen wir folgenden

HILFSSATZ. Sei Q ein achsenparalleler, offener Quader des $E^n$ $(n \geq 2)$ und $f: \overline{Q} \to \mathbb{R}$ eine $C^1$-Funktion. Dann ist für jedes $k = 1,\ldots,n$

$$(1) \qquad \int_Q D_k f \, dt = (-1)^{k-1} \int_{\partial Q} f \, c'_k \, d\sigma^{n-1},$$

wobei die $c'_k := c_{1,\ldots,\hat{k},\ldots,n}$ die Stellungscosinus von $\partial Q$ sind. [17)]

Zum Beweis genügt es, Q als den offenen Einheitswürfel des $E^n$ vorauszusetzen. Sei $Q_l^o$ bzw. $Q_l^1$ die Menge aller Punkte von $\partial Q$ mit $t_l = o$ bzw. $t_l = 1$ $(l=1,\ldots,n)$. Diese 2n "Randflächen" von Q sind die Zusammenhangskomponenten von $\partial Q$. Die (positive) Orientierung $\mathfrak{O}_Q$ von Q induziert in $\partial Q$ eine Orientierung $\mathfrak{O}_{\partial Q}$ (vgl. 9.1). Wir bestimmen die Stellungscosinus $c'_k(x)$ von $\partial Q$ in jedem Punkt x von $Q_l^o \cup Q_l^1$. Der Vektor $\mathfrak{n}(x)$ mit den Komponenten $(-1)^k \, c'_k(x)$ ist ein Normaleneinheitsvektor von $\partial Q$ und weist ins Äußere von Q (vgl. 9.2). Folglich ist $c'_k(x) = (-1)^{l-1}$ für $x \in Q_l^o$ und $= (-1)^l$ für $x \in Q_l^1$; hingegen ist $c'_k(x) = o$ für alle $k \neq l$. Nun ist

$$\int_Q D_k f\,dt = \int_{Q_k^1} f\,d\sigma^{n-1} - \int_{Q_k^0} f\,d\sigma^{n-1}$$

und dies ist nach dem Vorstehenden

$$= (-1)^{k-1} \int_{\partial Q} f\,c_k'\,d\sigma^{n-1}. \qquad \lrcorner$$

**17.2** STOKESSCHER SATZ. *Es sei* $(M,\mathfrak{O})$ *eine orientierte* n-*Mannigfaltigkeit im* $E^m$. *Auf* $\widehat{M}$ *sei eine stetig differenzierbare* (n-1)-*Form* $\omega$ *mit kompaktem Träger* $\operatorname{Tr}\omega \subset \widehat{M}$ *definiert. Dann ist*

$$(2) \qquad \int_{(M,\mathfrak{O})} d\omega = \int_{(\partial M,\partial\mathfrak{O})} \omega.$$

(Im Fall $\partial M = \emptyset$ ist das Integral rechts = o zu setzen.)

BEWEIS. Das Integral auf der linken Seite existiert nach 12.1, weil $d\omega$ stetig ist und $\operatorname{Tr} d\omega \subset \operatorname{Tr}\omega \subset \widehat{M}$ gilt. Die Restriktion von $\omega$ auf $\partial M$ ist stetig mit kompaktem Träger $\subset \partial M$; daher existiert auch das Integral auf der rechten Seite.

Jeder Punkt $x \in \operatorname{Tr}\omega$ wird überdeckt von einer Karte $\tau': T' \to \widehat{M}$ von $\widehat{M}$; sei etwa $x = \tau'(t)$ mit $t \in T'$. Wegen 3.2,(1) existiert ein offener, achsenparalleler Würfel W des $\mathbb{R}^n$ mit $t \in W \cap H^n \subset T'$. Die Restriktion von $\tau'$ auf $T := W \cap H^n$ ist wieder eine x überdeckende Karte $\tau: T \to \widehat{M}$ von $\widehat{M}$; sie hat überdies die Eigenschaft, daß $T_+$ ein offener, achsenparalleler Quader des $\mathbb{R}^n$ ist. Weil nun $\operatorname{Tr}\omega$ kompakt und $\subset \widehat{M}$ ist, genügen zur Überdeckung von $\operatorname{Tr}\omega$ endlich viele derartige Karten $\tau$, etwa $\tau^j: T^j \to \widehat{M}$ $(j=1,\ldots,r)$. Für jedes j ist die Menge $\tau^j(T^j)$ wegen 3.2,(2) der Durchschnitt einer offenen Menge $V_j$ des $E^m$ mit $\overline{M}$. Die Mengen $V_1,\ldots,V_r$ bilden eine offene Überdeckung der kompakten Menge $K := \operatorname{Tr}\omega$. Wir wählen eine dieser Überdeckung untergeordnete Zerlegung $(\varepsilon_1,\ldots,\varepsilon_r)$ der Eins und setzen $\varepsilon_j\omega =: \omega_j$ $(j=1,\ldots,r)$. Dann sind $\omega_1,\ldots,\omega_r$ stetig differenzierbare (n-1)-Formen auf $\widehat{M}$ mit $\omega_1 + \ldots + \omega_r = \omega$ und $\operatorname{Tr}\omega_j \subset \operatorname{Tr}\omega$. Es genügt daher, (2) zu beweisen unter der zusätzlichen Voraussetzung, daß eine Karte $\tau: T \to \widehat{M}$ von $\widehat{M}$

existiert mit der Eigenschaft, daß $\operatorname{Tr}\omega \subset \tau(T)$ gilt und $T_+$ ein achsenparalleler, offener Quader des $\mathbb{R}^n$ ist. Dies geschieht folgendermaßen.

Nach 16.3, angewandt auf $d\omega$ statt $\omega$, und 13.4, Definition 2 ist

$$\int_{(M,\mathfrak{O})} d\omega = \pm\int_{T_+} \tau^*(d\omega) = \pm\int_{T_+} d(\tau^*\omega);$$

ebenfalls nach 16.3, angewandt auf $\partial M$ statt $M$, ist

$$\int_{(\partial M,\partial\mathfrak{O})} \omega = \pm\int_{T_o} \tau^*\omega;$$

dabei gilt das obere, bzw. das untere Vorzeichen, wenn $\tau_+$ in $\mathfrak{O}$ oder in $-\mathfrak{O}$ liegt.

Nun sei $2\leq n\leq m$. Weil $\tau^*\omega$ eine stetig differenzierbare $(n-1)$-Form auf $T$ ist, können wir schreiben

$$\tau^*\omega = \sum_{k=1}^{n} f_k \, dt_1\wedge\ldots\wedge\widehat{dt_k}\wedge\ldots\wedge dt_n. \qquad 17)$$

Es folgt

$$d(\tau^*\omega) = \sum_{k=1}^{n} (-1)^{k-1} D_k f_k \, dt_1\wedge\ldots\wedge dt_n.$$

Nach 17.1 ist für $k = 1,\ldots,n$

$$(-1)^{k-1}\int_{T_+} D_k f_k \, d\lambda^n = \int_{\partial T} f_k \, c_k' \, d\sigma^{n-1}$$

und daher

$$\int_{T_+} d(\tau^*\omega) = \int_{\partial T} \tau^*\omega.$$

Weil nun aber $\operatorname{Tr}\omega$ kompakt und $\subset \tau(T)$ ist, ist auch $\operatorname{Tr} f_k$ kompakt und $\subset T$. Daher ist $f_k = o$ überall auf $\partial T$, außer eventuell auf $T_o$. Folglich ist

$$\int_{T_+} d(\tau^*\omega) = \int_{T_o} \tau^*\omega.$$

Damit ist (2) in den Fällen $2\leq n\leq m$ bewiesen.

Schließlich sei $n = 1$. Dann ist $T$ ein halboffenes Intervall $[o,b[$, also $T_+$ das offene Intervall $]o,b[$ und $T_o = \{o\}$. Weiter ist $\tau^*\omega$ eine stetig differenzierbare Funktion auf T mit kompaktem Träger $\subset$ T. Daher ist

$$\int_{T_+} d(\tau^*\omega) = -(\tau^*\omega)(o).$$

Also gilt wieder (2). ⌋

**17.3** Für die Anwendungen ist die folgende speziellere Fassung des Stokesschen Satzes wichtig, die wir als Korollar formulieren.

KOROLLAR. *Auf einer offenen Menge* G *des* $E^m$ *sei eine stetig differenzierbare* (n-1)*-Form* $\omega$ *definiert. Weiter sei* $(M,\mathcal{O})$ *eine orientierte* n*-Mannigfaltigkeit mit kompaktem Abschluß* $\overline{M} \subset G$ *und mit* $\partial M = \overline{M} \setminus M$. *Dann ist*

$$(3) \qquad \int_{(M,\mathcal{O})} d\omega = \int_{(\partial M,\partial\mathcal{O})} \omega.$$

Denn sei $\iota^*$ die Restriktion der p-Formen von G auf M (vgl. 14.4). Dann ist

$$\int_{(M,\mathcal{O})} \iota^*\omega = \int_{(\partial M,\partial\mathcal{O})} d(\iota^*\omega) = \int_{(\partial M,\partial\mathcal{O})} \iota^*(d\omega);$$

ersteres nach (2), letzteres, weil $d(\iota^*\omega) = \iota^*(d\omega)$ ist nach 14.2,(1). Die Anwendung der Definition 16.2,(2) auf das erste und das dritte Integral ergibt (3). ⌋

Zur Berechnung der Integrale in (3) vgl. 16.2,(3).

# § 18. Die klassischen Integralsätze

**18.1** Auf einer offenen Menge G des $E^m$ sei eine $C^1$-Funktion f gegeben. Weiter sei K eine zusammenhängende Kurve mit $\overline{K} \subset G$ und $\partial K = \overline{K} \setminus K = \{a,b\}$; sie sei orientiert, mit a als Anfangs- und b als Endpunkt. Dann liefert das Korollar in 17.3, angewandt auf die 1-Mannigfaltigkeit K und die o-Form f (man beachte dabei 16.1,($1_o$)) unmittelbar den

HAUPTSATZ DER DIFFERENTIAL- UND INTEGRALRECHNUNG.

$$\int_K df = f(b) - f(a).$$ 29)

**18.2** Auf einer offenen Menge G des $E^3$ sei ein $C^1$-Vektorfeld $\varphi = (\varphi_1,\varphi_2,\varphi_3)$ definiert [22]. Weiter sei F eine orientierte Fläche mit $\overline{F} \subset G$ und $\partial F = \overline{F} \setminus F$. Aus dem Korollar in 17.3 und aus 12.5 ergibt sich direkt folgender

KLASSISCHER STOKESSCHER SATZ.

$$\int_F \mathrm{rot}_1\varphi\, dx_2 \wedge dx_3 + \mathrm{rot}_2\varphi\, dx_3 \wedge dx_1 + \mathrm{rot}_3\varphi\, dx_1 \wedge dx_2 =$$

$$\int_{\partial F} \varphi_1\, dx_1 + \varphi_2\, dx_2 + \varphi_3\, dx_3.$$

Nach 16.2,(3) ist die linke bzw. rechte Seite dieser Gleichung gleich

$$\int_F (\mathrm{rot}\ \varphi,\ \mathfrak{n})\ do \quad \text{bzw.} \quad \int_{\partial F} (\varphi,\mathfrak{t})\ ds.$$

Also können wir den Satz auch so schreiben:

$$\int_F (\mathrm{rot}\ \varphi,\ \mathfrak{n})\ do \quad = \quad \int_{\partial F} (\varphi,\mathfrak{t})\ ds.$$

(Zur Definition der Vektoren $\mathfrak{n}$ und $\mathfrak{t}$ siehe 8.2; vgl. außerdem 15.2, Ende; (.,.) bedeutet das Skalarprodukt.)

**18.3** Schließlich sei auf einer offenen Menge $\tilde{G}$ des $E^n$ ein $C^1$-Vektorfeld $\psi = (\psi_1,\dots,\psi_n)$ gegeben. Weiter sei G eine beschränkte, offene Menge des $E^n$ mit $\overline{G} \subset \tilde{G}$ und $\partial G = \overline{G} \setminus G$. Dann ergibt sich aus dem Korollar in 17.3 in Verbindung mit 12.5 und 15.4 sofort folgender

GAUSZ'SCHER SATZ.

$$\int_G \operatorname{div} \psi \, dx = \int_{\partial G} \sum_{\nu=1}^{n} (-1)^{\nu-1} \psi_\nu \, dx_1 \wedge \ldots \wedge \widehat{dx_\nu} \wedge \ldots \wedge dx_n . \qquad 17)$$

Speziell für n = 3 ist also

$$\int_G \operatorname{div} \psi \, dx = \int_{\partial G} \psi_1 \, dx_2 \wedge dx_3 + \psi_2 \, dx_3 \wedge dx_1 + \psi_3 \, dx_1 \wedge dx_2 .$$

Wegen 8.2,(5) und 16.2,(3) können wir den Satz auch so schreiben:

$$\int_G \operatorname{div} \psi \, dx = \int_{\partial G} (\psi, \mathfrak{n}) \, d\sigma^{n-1} .$$

## § 19. Anwendungen

Von den zahlreichen Anwendungen der Integralsätze geben wir drei aus dem Themenkreis dieses Buches an.

**19.1** SATZ. *Es sei* G *eine beschränkte, offene Menge des* $E^n$ *mit* $\partial G = \overline{G} \setminus G$. *Dann hat* G *das Maß (Volumen)*

$$\sigma^n(G) = \int_G dx = \int_{\partial G} x_1 \, dx_2 \wedge \ldots \wedge dx_m .$$

Nach dem allgemeinen Stokesschen Satz ist nämlich

$$\int_G dx_1 \wedge \ldots \wedge dx_n = \int_{\partial G} x_1 \, dx_2 \wedge \ldots \wedge dx_n .$$

Nach 16.1, Beispiel 1 ist das linke Integral = $\int dx$ und dieses Integral ist = $\sigma^n(G)$ nach 15.6, Beispiel 3. ⌋

**19.2** Über das Maß (Volumen) $\sigma^n(S_r^n)$ der Sphäre mit dem Radius $r > o$

im $E^{n+1}$, also der Hyperfläche $S_r^n := \{x \in \mathbb{R}^{n+1} : x_1^2 + \ldots + x_{n+1}^2 = r^2\}$, behaupten wir folgenden

SATZ. *Es ist*

$$\sigma^n(S_r^n) = 2\pi\, \alpha_{n-1}\, r^n$$

*mit*

$$\alpha_p := \pi^{\frac{p}{2}} / \Gamma(\tfrac{p}{2} + 1) \qquad (\Gamma \text{ die Gamma-Funktion}),$$

*also*

$$\alpha_{2q} = \frac{1}{q!}\pi^q, \quad \alpha_{2q+1} = \frac{2^{2q+1} q!}{(2q+1)!}\pi^q.$$

Denn es sei G die (n+1)-dimensionale, offene Kugel $K_r^{n+1}$ mit dem Radius r um den Koordinatenursprung im $E^{n+1}$. Dann ist $S_r^n = \partial G$ (vgl. 9.2, Beispiel 2). In $\tilde{G} := E^{n+1}$ betrachten wir das Vektorfeld $\psi$ mit $\psi(x) := (x_1,\ldots,x_{n+1})$. Es ist div $\psi$ = n+1. Aus 15.6, Beispiel 3 und dem Gaußschen Satz folgt

$$(n+1)\, \sigma^{n+1}(G) = \int_G \operatorname{div} \psi \, dx = \int_{\partial G} (\psi, \mathfrak{n})\, d\sigma^n.$$

Auf $\partial G$ ist $\mathfrak{n} = (x_1,\ldots,x_{n+1})$, also $(\psi,\mathfrak{n}) = r\cdot(\mathfrak{n},\mathfrak{n}) = r$. Folglich ist

$$\int_{\partial G} (\psi,\mathfrak{n})\, d\sigma^n = r\int_{\partial G} d\sigma^n = r\sigma^n(\partial G).$$

Daher ist

$$\sigma^n(S_r^n) = \frac{n+1}{r}\, \sigma^{n+1}(K_r^{n+1})$$

$$= (n+1)\, \alpha_{n+1}\, r^n = 2\pi\, \alpha_{n-1}\, r^n. \qquad \rfloor$$

(Vgl. hierzu B.Anger-H.Bauer, Mehrdimensionale Integration, Berlin-New York 1975, S. 137-140.); $\alpha_n$ ist gleich dem Volumen der n-dimensionalen Kugel im $E^n$ mit dem Radius r = 1.)

**19.3** Schließlich sei $E^2$ die Ebene $\mathbb{C}$ aller komplexen Zahlen $z = x_1 + ix_2$. Auf einer offenen Menge $\tilde{G}$ in $\mathbb{C}$ sei eine holomorphe Funktion f definiert. Für jede beschränkte, offene Menge G in $\mathbb{C}$ mit $\overline{G} \subset \tilde{G}$

und $\partial G = \overline{G} \setminus G$ gilt folgender

CAUCHYSCHER INTEGRALSATZ.

$$\int_{\partial G} f\,dz = o.$$

Es seien nämlich $f_1 : \tilde{G} \to \mathbb{R}$ der Realteil und $f_2 : \tilde{G} \to \mathbb{R}$ der Imaginärteil von f (also $f = f_1 + if_2$). Dann sind $\omega_1 := f_1 dx_1 - f_2\,dx_2$ und $\omega_2 := f_2\,dx_1 + f_1\,dx_2$ zwei 1-Formen auf $\tilde{G}$ mit $d\omega_1 = o$ und $d\omega_2 = o$. Weiter ist

$$\int_{\partial G} f\,dz =$$

$$\int_{\partial G} \left(f_1 \frac{dx_1}{ds} - f_2 \frac{dx_2}{ds}\right) ds \;+\; i \int_{\partial G} \left(f_2 \frac{dx_1}{ds} + f_1 \frac{dx_2}{ds}\right) ds =$$

$$\int_{\partial G} \omega_1 + i \int_{\partial G} \omega_2;$$

das erste Gleichheitszeichen folgt aus der Definition des linksstehenden Integrals in der Funktionentheorie, das zweite aus 16.2,(3) und 8.2, "erstens". Aus dem Korollar in 17.3 ergibt sich jetzt die Behauptung. ⌋

# Anhang

## § 20. Lebesguesche Integration auf einer Mannigfaltigkeit

Für den Stokesschen Satz haben wir die in § 15 entwickelte Riemannsche Integration stetiger Funktionen mit kompakten Trägern $\subset \widehat{M}$ gebraucht (M eine n-Mannigfaltigkeit im $E^m$). Der Vollständigkeit halber skizzieren wir in diesem Paragraphen die Erweiterung dieser Riemannschen Integration auf M zur Lebesgueschen Integration auf M. (Für die Beweise zu 20.1 und 2 vgl. J.Dieudonné, Grundzüge der modernen Analysis, Bd. 2, Braunschweig 1975.)

**20.1**. Es sei also M eine n-Mannigfaltigkeit im $E^m$. Wir schreiben X statt $\widehat{M}$, $\mathcal{K}$ statt $\mathcal{K}(\widehat{M})$ und $\mu(f)$ statt $\int_M f\, d\sigma^n$ für jedes $f \in \mathcal{K}$. Dann liegt nach § 15 folgende Situation vor: $\mathcal{K}$ ist der Vektorraum aller stetigen Funktionen $f: X \to \mathbb{R}$ mit kompakten Trägern $\subset X$; die Abbildung $\mu: \mathcal{K} \to \mathbb{R}$ ist linear; ist $f \geq o$, so ist $\mu(f) \geq o$. [30)]

Nun sei $\mathcal{H}$ die Menge aller Funktionen $h: X \to \overline{\mathbb{R}}$ (:= Zahlengerade $\mathbb{R}$ einschließlich $+\infty$ und $-\infty$), die erstens nach unten halbstetig [31)] sind und die zweitens nach unten beschränkt sind durch Funktionen $k \in \mathcal{K}$. Für jedes $h \in \mathcal{H}$ sei

(1) $$\mu^*(h) := \sup_{k \leq h,\, k \in \mathcal{K}} \mu(k)$$

und sodann für jede Funktion $f: X \to \mathbb{R}$

(2) $$\mu^*(f) := \inf_{h \geq f,\, h \in \mathcal{H}} \mu^*(h)$$

und

(3) $\mu_*(f) := -\mu^*(-f)$.

Diese beiden letzteren Zahlen $\in \overline{\mathbb{R}}$ heißen das obere und das untere Integral von f bzgl. $\mu$. Es ist $-\infty \leq \mu_*(f) \leq \mu^*(f) \leq +\infty$. Sind $\mu_*(f)$ und $\mu^*(f)$ gleich und endlich, so heißt f $\mu$-integrierbar und der gemeinsame Wert das $\mu$-Integral von f; es wird mit $\int f\,d\mu$ bezeichnet. Jedes $f \in \mathcal{K}$ ist $\mu$-integrierbar und das $\mu$-Integral von f ist gleich $\mu(f)$. Existiert allgemeiner zu einer Funktion $f: X \to \overline{\mathbb{R}}$ eine kompakte Menge $K \subset X$ derart, daß erstens die Restriktion von f auf K stetig ist und zweitens f auf $X \setminus K$ identisch verschwindet, so ist f $\mu$-integrierbar.

Wir bezeichnen mit $\mathfrak{J}$ die Menge aller $\mu$-integrierbaren Funktionen $f: X \to \overline{\mathbb{R}}$. Es gilt: (1) sind f und $g \in \mathfrak{J}$ und ist f+g definiert (d.h. für kein $x \in X$ gleichzeitig $f(x) = -\infty$ und $g(x) = +\infty$ oder umgekehrt), so ist auch $f+g \in \mathfrak{J}$ und $\int (f+g)\,d\mu = \int f\,d\mu + \int g\,d\mu$; (2) ist $f \in \mathfrak{J}$ und $c \in \mathbb{R}$, so ist auch $cf \in \mathfrak{J}$ und $\int cf\,d\mu = c \int f\,d\mu$; (3) sind f und $g \in \mathfrak{J}$ und ist $f \leq g$, so ist $\int f\,d\mu \leq \int g\,d\mu$; (4) sind f und $g \in \mathfrak{J}$, so sind auch $\inf(f,g)$ und $\sup(f,g) \in \mathfrak{J}$; (5) ist $f \in \mathfrak{J}$, so ist auch $|f| \in \mathfrak{J}$ und es ist $|\int f\,d\mu| \leq \int |f|\,d\mu$; (6) sind f und $g \in \mathfrak{J}$ und ist g beschränkt, so ist auch $fg \in \mathfrak{J}$; (7) sei $(f_j)_{j=1,2,\ldots}$ eine Folge von Funktionen $\in \mathfrak{J}$, konvergent gegen eine Funktion $f: X \to \overline{\mathbb{R}}$, und mindestens eine der beiden folgenden Bedingungen sei erfüllt:
a) es existiert ein $g \in \mathfrak{J}$ mit $|f_j| \leq g$ für alle j,
b) es ist $f_j \leq f_{j+1}$ für alle j und $\sup \int f_j\,d\mu < +\infty$;
dann ist auch $f \in \mathfrak{J}$ und $\int f\,d\mu = \lim \int f_j\,d\mu$ (Lebesgue; B.Levi).

**20.2** Ist A eine beliebige Punktmenge $\subset X$ und $1_A$ ihre charakteristische Funktion, so heiße $\mu_*(A) := \mu_*(1_A)$ und $\mu^*(A) := \mu^*(1_A)$ das innere und das äußere $\mu$-Maß von A. Es ist $o \leq \mu_*(A) \leq \mu^*(A) \leq \infty$. Sind $\mu_*(A)$ und $\mu^*(A)$ gleich und endlich, so heißt A $\mu$-integrierbar und der gemeinsame Wert das $\mu$-Maß von A; er wird mit $\mu(A)$ bezeichnet. Jede Borelsche Menge[32)] B mit kompaktem Abschluß $\overline{B} \subset X$ ist $\mu$-integrierbar.

Für je zwei $\mu$-integrierbare Mengen $A_1$ und $A_2 \subset X$ sind die Mengen $A_1 \cup A_2$, $A_1 \cap A_2$ und $A_1 \setminus A_2$ ebenfalls $\mu$-integrierbar und es ist $\mu(A_1 \cup A_2) + \mu(A_1 \cap A_2) = \mu(A_1) + \mu(A_2)$. Ist weiter $(A_j)$ eine Folge $\mu$-integrierbarer Mengen und ist $\sum \mu(A_j) < \infty$, so ist $\bigcup A_j$ ebenfalls $\mu$-integrierbar und es ist $\mu(\bigcup A_j) \leq \sum \mu(A_j)$; sind die $A_j$ paarweise fremd, so gilt das Gleichheitszeichen.

Ist $A \subset X$ $\mu$-integrierbar, so existieren in X zu jedem $\varepsilon > 0$ eine kompakte Menge K und eine in X offene Menge G derart, daß gilt $K \subset A \subset G$ und $\mu(G \setminus K) < \varepsilon$ (Regularität von $\mu$).

Jede Menge $A \subset X$ mit $\mu(A) = 0$ heißt eine $\mu$-Nullmenge. Jede Teilmenge einer $\mu$-Nullmenge ist eine $\mu$-Nullmenge. Die Vereinigung abzählbar vieler $\mu$-Nullmengen ist ebenfalls eine $\mu$-Nullmenge. Jede abzählbare Menge $\subset X$ ist eine $\mu$-Nullmenge.

Seien f und g zwei Funktionen $X \to \overline{\mathbb{R}}$ und N eine $\mu$-Nullmenge derart, daß $f(x) = g(x)$ ist für alle $x \in X \setminus N$; ist dann f $\mu$-integrierbar, so auch g, und es ist $\int f\, d\mu = \int g\, d\mu$.

**20.3** Jetzt schreiben wir wieder $\widehat{M}$ statt X und $\sigma^n$ statt $\mu$. Dann haben wir also in 20.1-2 den Begriff der $\sigma^n$-integrierbaren Funktionen $f: \widehat{M} \to \overline{\mathbb{R}}$ und des $\sigma^n$-Integrals $\int f\, d\sigma^n$ eingeführt.

Speziell ist jede Funktion $f \in \mathcal{K}(\widehat{M})$, also jede stetige Funktion $f: \widehat{M} \to \mathbb{R}$ mit kompaktem Träger $\subset \widehat{M}$, $\sigma^n$-integrierbar und ihr $\sigma^n$-Integral ist gleich dem in 15.1 und 2 definierten (Riemannschen) Integral $\int_M f\, d\sigma^n$ (weil nach 20.1 jedes $f \in \mathcal{K}$ $\mu$-integrierbar und das $\mu$-Integral von f gleich $\mu(f)$ ist). Deshalb schreiben wir von jetzt an $\int_M f\, d\sigma^n$ statt $\int f\, d\sigma^n$ für jede $\sigma^n$-integrierbare Funktion $f: \widehat{M} \to \overline{\mathbb{R}}$. [33)]

Wir nennen das $\sigma^n$-Integral $\int_M f\, d\sigma^n$ das *Lebesguesche Integral* von f über M und $\sigma^n$ das *Lebesguesche Maß* auf M. Diese Benennung ist gerechtfertigt; denn ist speziell M der $E^n$, so ist wegen 15.4 das $\sigma^n$-Integral $\int_{E^n} f\, d\sigma^n$ das Lebesguesche Integral $\int_{E^n} f\, d\lambda^n$ und $\sigma^n$ das Lebesguesche Maß $\lambda^n$ auf dem $E^n$. (vgl. J.Dieudonné, l.c.).

Nun sei $\tau: T \to \widehat{M}$ eine Karte von $\widehat{M}$. Ist $f: \widehat{M} \to \overline{\mathbb{R}}$ eine Funktion mit kompaktem Träger $\subset \tau(T)$, so ist f genau dann $\sigma^n$-integrierbar, wenn die Funktion $f \circ \tau : T \to \overline{\mathbb{R}}$ Lebesgue-integrierbar ist, und es ist dann

$$(1) \qquad \int_M f\, d\sigma^n = \int_{T_+} (f \circ \tau) \sqrt{g}\, d\lambda^n = \int_T (f \circ \tau) \sqrt{g}\, d\lambda^n,$$

wobei g wieder die Gramsche Determinante von $\tau$ ist. Dies folgt aus 15.2,(4) und daraus, daß die Grenzprozesse in 20.2,(1) und (2) mit $\tau$ vertauschbar sind, also in T ausgeführt werden können, wo sie das Lebesguesche Integral liefern.

Ist A eine Menge $\subset \tau(T)$ mit kompaktem Abschluß $\overline{A} \subset \tau(T)$, so ist A genau dann $\sigma^n$-integrierbar, wenn die Funktion $1_A \circ \tau : T \to \mathbb{R}$ Lebesgue-integrierbar ist, und es ist dann

$$(2) \qquad \sigma^n(A) = \int_T (1_A \circ \tau) \sqrt{g}\, d\lambda^n = \int_D \sqrt{g}\, d\lambda^n$$

wobei D die Menge aller Punkte t von T mit $\tau(t) \in A$ ist.

Der Rand $\partial M$ von M ist eine $\sigma^n$-Nullmenge:

$$(3) \qquad \sigma^n(\partial M) = 0.$$

Denn es existiert eine Folge $(K_j)$ kompakter Mengen $K_j$ mit $\partial M = \bigcup K_j$ und $K_j \subset K_{j+1}$ für jedes j (beispielsweise sei $K_j$ die Menge aller Punkte x von $\partial M$, die vom Koordinatenursprung des $E^m$ Abstände $\leq j$ und, falls $\overline{M} \setminus \widehat{M} \neq \emptyset$ ist, von $\overline{M} \setminus \widehat{M}$ Abstände $\geq 1/j$ haben). Nach 20.1,(7b) genügt es also zu zeigen, daß jede kompakte Menge $K \subset \partial M$ eine $\sigma^n$-Nullmenge ist. Nun wird K überdeckt durch endlich viele Karten $\tau^j: T^j \to \widehat{M}$. Bezeichnen wir für ein $\varepsilon > 0$ mit $A^j$ die Menge aller Punkte aus K, die von $\overline{M} \setminus \tau^j(T^j)$ Abstände $\geq \varepsilon$ haben, so ist $A^j$ kompakt und $\subset \tau^j(T^j)$ für jedes j und, wenn $\varepsilon$ hinreichend klein ist, $K = \bigcup A_j$. Daher genügt es zu zeigen, daß jede kompakte Menge $A \subset \partial M$, die von einer Karte $\tau: T \to \widehat{M}$ von $\widehat{M}$ überdeckt wird, eine $\sigma^n$-Nullmenge ist. Dies folgt aber aus (2), weil jetzt $D \subset T_0$ ist wegen $A \subset \partial M$. _|

Schließlich liege neben M eine n-Mannigfaltigkeit $\dot{M}$ in einem $E^{\dot{m}}$ vor und ein $C^2$-Diffeomorphismus $\Psi$ von $\hat{M}$ auf $\hat{M}$. Dann ist für jede $\sigma^n$-integrierbare Funktion $f\colon \hat{M} \to \overline{\mathbb{R}}$ die Funktion $(f \circ \Psi)\cdot J_\Psi : \hat{M} \to \overline{\mathbb{R}}$ ebenfalls $\sigma^n$-integrierbar und es ist

$$(4) \qquad \int_M f\, d\sigma^n = \int_{\hat{M}} (f \circ \Psi) \cdot J_\Psi\, d\sigma^n .$$

Dies folgt aus 15.5 und 20.1,(1) und (2), weil eine Funktion $h\colon \hat{M} \to \overline{\mathbb{R}}$ genau dann nach unten halbstetig ist, wenn die Funktion $(h \circ \Psi)\cdot J_\Psi$ nach unten halbstetig ist.

**20.4** Wir knüpfen noch einmal an 20.2 an.

Wie eng der Begriff der $\mu$-Integrierbarkeit mit dem Begriff der Stetigkeit verknüpft ist, zeigt das folgende interessante und schöne Kriterium.

Für eine beliebige Funktion $f\colon B \to \overline{\mathbb{R}}$ mit $B \subset X$ und eine beliebige Menge $A \subset B$ definieren wir $f_A\colon X \to \overline{\mathbb{R}}$ folgendermaßen: $f_A(x) = f(x)$ für $x \in A$, $f_A(x) = 0$ sonst. Ist $f_A$ $\mu$-integrierbar, so heißt $f$ $\mu$-integrierbar über $A$ und man setzt $\int f_A\, d\mu =: \int_A f\, d\mu$. (Für jede $\mu$-integrierbare Funktion $f$ ist dann $\int f\, d\mu = \int_X f\, d\mu$.)

INTEGRABILITÄTSKRITERIUM. Gegeben sei eine Funktion $f\colon X \to \overline{\mathbb{R}}$ und eine $\mu$-integrierbare Menge $A \subset X$. Damit $f$ über $A$ $\mu$-integrierbar sei, ist die folgende Bedingung (L) notwendig und, wenn eine über $A$ $\mu$-integrierbare Funktion $g\colon X \to \overline{\mathbb{R}}$ mit $|f_A| \leq g$ existiert, auch hinreichend: (L) Zu jedem $\varepsilon > 0$ existiert eine kompakte Menge $K \subset A$ derart, daß $\mu(A \setminus K) < \varepsilon$ und die Restriktion von $f$ auf $K$ stetig ist [34].

BEWEIS. "Notwendig". Die Restriktion von $f$ auf $A$ heiße $g$. Es sei $(I_r)_{r=1,2,\ldots}$ die zu einer Folge geordnete Menge aller abgeschlossenen Zahlenhalbgeraden mit rationalen Endpunkten. Für jedes $r$ ist die Menge $g^{-1}(I_r)$ $\mu$-integrierbar. Daher existieren eine kompakte Menge $K_r$ und eine in $A$ offene Menge $G_r \subset A$ mit $K_r \subset g^{-1}(I_r) \subset G_r$ und mit $\mu(G_r \setminus K_r) < \varepsilon/2^{r+1}$. Dann ist $G := \bigcup (G_r \setminus K_r)$ eine in $A$ offene Menge $\subset A$ mit $\mu(G) < \varepsilon/2$. Wir setzen $A \setminus G =: F$. Diese Menge ist in $A$ abgeschlossen und es ist $\mu(F) = \mu(A) - \mu(G) > \mu(A) - \varepsilon/2$. Sei nun h die Restriktion von g auf F. Wegen $h^{-1}(I_r) = F \cap g^{-1}(I_r) = F \cap K_r$ ist $h^{-1}(I_r)$ abgeschlossen in F für jedes r. Also ist h stetig. Nun sei K eine kompakte Menge $\subset F$ mit $\mu(K) > \mu(F) - \varepsilon/2$. Dann gilt (L). - "Hinreichend". Aus (L) folgt für jedes natürliche j die Existenz einer kompakten Menge $K_j' \subset A$ derart, daß $\mu(A \setminus K_j') < 1/j$ und die Restriktion von f auf $K_j'$ stetig ist. Wir setzen $K_1' \cup \ldots \cup K_j' =: K_j$ und $A \setminus \bigcup K_j =: N$. Dann ist $K_1 \subset K_2 \subset \ldots \subset A$, N eine $\mu$-Nullmenge und für jedes j die Restriktion von f auf $K_j$ stetig. Die Anwendung des obigen Konvergenzsatzes von Lebesgue auf die Folge der Funktionen $f_j := f_{K_j}$ und die Funktion g ergibt die $\mu$-Integrierbarkeit von f über $A \setminus N$; wegen $\mu(N) = o$ ist dann f auch über A $\mu$-integrierbar. _|

Bemerkung. Ist f über A $\mu$-integrierbar, so existiert im allgemeinen keine $\mu$-integrierbare Menge $K \subset A$ mit $\mu(A \setminus K) = o$ derart, daß die Restriktion von f auf K stetig ist. Beispiel: X = A = Einheitsintervall der Zahlengeraden $\mathbb{R}$; $\mu$ das Lebesguesche Maß $\lambda^1$; f die charakteristische Funktion des Cantorschen Diskontinuums.

## § 21. Die Maße von Hausdorff und Minkowski

Im folgenden skizzieren wir zwei anschauliche Deutungen für das Maß $\sigma^n(A)$ einer Borelschen bzw. kompakten Menge A einer n-Mannigfaltigkeit M im $E^m$.

**21.1** Es sei A eine Punktmenge des $E^m$. Für ein beliebiges $\rho > o$ überdecken wir A durch endlich oder abzählbar unendlich viele offene Kugeln des $E^m$ mit Durchmessern $d_1, d_2, \ldots$; jede solche Überdeckung sei mit $\mathfrak{U}_\rho$ bezeichnet. Dann heiße

$$\text{(1)} \qquad \chi^n(A) := \lim_{\rho \to o} \left( \inf_{\mathfrak{U}_\rho} \frac{\alpha_n}{2^n} \sum_j d_j^n \right) \qquad (\leq \infty)$$

das n-te *Hausdorffsche Maß* von A. (Den Normierungsfaktor $\alpha_n$ haben wir in 19.2 definiert; $\alpha_n/2^n$ ist gleich dem Volumen der n-dimensionalen Kugel im $E^n$ mit dem Durchmesser d = 1; $d_j^n$ ist die n-te Potenz von $d_j$.)

Nun liege eine n-Mannigfaltigkeit M im $E^m$ vor und eine Borelsche Menge $B \subset \widehat{M}$. Wir behaupten die Gleichung

(2) $\chi^n(B) = \sigma^n(B).$ [35)]

Analog wie im Beweis zu 20.3,(3) existiert eine Folge $(K_j)$ von Borelschen Mengen $K_j$ mit kompaktem Abschluß $\overline{K}_j \subset \widehat{M}$ derart, daß $B = \bigcup K_j$ und $K_j \subset K_{j+1}$ ist für jedes j. Dann ist $\chi^n(B) = \sup \chi^n(K_j)$ und $\sigma^n(B) = \sup \sigma^n(K_j)$ (vgl. C.Carathéodory, Vorlesungen über reelle Funktionen, Leipzig-Berlin 1918, S. 253-254 bzw. vorstehend 20.1,(7b)). Also genügt es, (2) zu beweisen unter der Voraussetzung, daß B einen kompakten Abschluß $\subset \widehat{M}$ hat. Ähnlich wie im Beweis zu 20.3,(3) können wir sodann weiter voraussetzen, daß $\overline{B}$ von einer Karte $\tau: T \to \widehat{M}$ von $\widehat{M}$ überdeckt wird. Dann aber ist

$$\chi^n(B) = \int_{\tau^{-1}(B)} \sqrt{g}\, d\lambda^n = \sigma^n(B).$$

(Zum rechten Gleichheitszeichen vgl. 20.3,(2), zum linken A.Kolmogoroff, Math.Ann. 107 (1932), S. 351-366 oder G.Nöbeling, Math.Zeitschrift 48 (1943), S. 747-771.) $\lrcorner$

Die Gleichung (2) hat eine bemerkenswerte Konsequenz: ist die Borelsche Menge B in zwei n-Mannigfaltigkeiten enthalten, so hat $\sigma^n(B)$ in beiden Mannigfaltigkeiten denselben Wert. Dies folgt unmittelbar daraus, daß in der Definition (1) mit B statt A von einer B enthaltenden n-Mannigfaltigkeit kein Gebrauch gemacht wird.

Weiter ergibt sich aus (2) die folgende Kennzeichnung der $\sigma^n$-Nullmengen. Sei M eine n-Mannigfaltigkeit im $E^m$; eine Menge $N \subset \widehat{M}$ ist eine $\sigma^n$-Nullmenge genau dann, wenn sie folgende Bedingung erfüllt: zu jedem $\varepsilon > 0$ existiert eine Überdeckung von N durch endlich oder abzählbar unendlich viele offene Kugeln des $E^m$ mit Durchmessern

$d_1, d_2, \ldots$ derart, daß $\sum_{j=1}^{\infty} d_j^n < \varepsilon$ ist. Denn ist N eine $\sigma^n$-Nullmenge, so folgt aus der Regularität von $\sigma^n$ (vgl. 20.2) die Existenz einer Borelschen Menge B mit $N \subset B \subset \widehat{M}$ und $\sigma^n(B) = o$; wegen (2) ist dann $\chi^n(B) = o$ und folglich auch $\chi^n(N) = o$; die Bedingung ist also erfüllt. Ist sie umgekehrt erfüllt, so existiert eine Borelsche Menge B mit $N \subset B \subset \widehat{M}$, für die sie ebenfalls erfüllt ist; dann ist $\chi^n(B) = o$, nach (2) also auch $\sigma^n(B) = o$; daher ist B und somit auch N eine $\sigma^n$-Nullmenge.

**21.2** Schließlich sei A eine nichtleere, beschränkte Menge im $E^m$. Für jedes $r > o$ sei $K_r(A)$ die Menge aller Punkte des $E^m$ mit Abständen $< r$ von A. Dann heiße

$$\mu^n(A) := \lim \frac{\lambda^m(K_r(A))}{\alpha_{m-n} r^{m-n}} ,$$

falls dieser Limes existiert, das n-te *Minkowskische Maß* von A.

Nun sei M eine n-Mannigfaltigkeit im $E^m$. Für jede nichtleere, kompakte Menge $K \subset M$ existiert $\mu^n(K)$ und es ist $\mu^n(K) = \chi^n(K)$ (H. Federer, Geometric Measure Theory, Berlin-Heidelberg-New York 1969, S. 275). Da weiter $\chi^n(K) = \sigma^n(K)$ ist nach 21.1, folgt $\mu^n(K) = \sigma^n(K)$. Also ist

$$\sigma^n(K) = \lim \frac{\lambda^m(K_r(K))}{\alpha_{m-n} r^{m-n}}$$

für jede nichtleere, kompakte Menge $K \subset M$. Dies ist eine besonders anschauliche Deutung des Maßes $\sigma^n(K)$. Sie benutzt ebenfalls die n-Mannigfaltigkeit M nicht.

# § 22. Korollar zum Stokesschen Satz

**22.1** Wir haben den Stokesschen Satz nur für (glatte) Mannigfaltigkeiten M bewiesen. Dies läßt naheliegende Fragen offen.

Beispielsweise sei F die Oberfläche eines Polyeders im $E^3$. Sie ist darstellbar als Vereinigung der Abschlüsse $\overline{D_j}$ endlich vieler Dreiecksflächen $D_1,\ldots,D_k$. Jedes $D_j$ sei positiv orientiert (vgl. 9.2). Ist nun $\omega$ eine stetig differenzierbare 1-Form, definiert in einer offenen Menge $U \supset F$ des $E^3$, so definiert man

$$\int_F d\omega := \sum_{j=1}^{k} \int_{D_j} d\omega.$$

Es würde nun dem allgemeinen Stokesschen Satz entsprechen, wenn

$$(1) \qquad \int_F d\omega = 0$$

wäre. Dies können wir aber aus dem Stokesschen Satz nicht folgern; denn F ist nicht "glatt" (vgl. 1.1), sondern nur "stückweise glatt". Wüßten wir allerdings, daß

$$(2) \qquad \int_D d\omega = \int_{\partial D} \omega$$

ist, so würde (1) durch Addition dieser k Gleichungen folgen (die Summe der Integrale über die Ränder $\partial D_j$ verschwindet, weil auf jeder Dreiecksseite durch die beiden angrenzenden Dreiecksflächen $D_j$ entgegengesetzte Orientierungen induziert werden). Aber auch die Gleichungen (2) können wir nicht aus dem Stokesschen Satz folgern; denn es ist nicht $\widehat{D}_j = \overline{D}_j$.

Daß aber trotzdem die Gleichungen (2) richtig sind und damit auch die Gleichung (1), ergibt sich folgendermaßen.

**22.2** Unsere Aufgabe besteht darin, "Eckpunkte", "Kanten", usw. einer n-Mannigfaltigkeit M in den Griff zu bekommen.

Im Unterschied zu 3.1 gehen wir aus vom abgeschlossenen "Raumwinkel" im $\mathbb{R}^n$, d.h. von der Menge $H^n$ aller Punkte $t = (t_1,\ldots,t_n)$ des $\mathbb{R}^n$ mit $t_i \geq o$ für alle $i = 1,\ldots,n$. Für jede Menge $A \subset H^n$ bezeichnen wir mit $A_+$ jetzt die Menge aller Punkte $t \in A$ mit $t_i > o$ für alle $i = 1,\ldots,n$ und mit $A_o$ die Menge $A \setminus A_+$ aller $t \in A$ mit $t_i = o$ für mindestens ein $i$. Für jede Funktion $f$ mit einem Definitionsbereich $A \subset H^n$ sei $f_+$ bzw. $f_o$ die Restriktion von $f$ auf $A_+$ bzw. $A_o$.

Nun sei eine n-Mannigfaltigkeit $M$ im $E^m$ gegeben. Ein Punkt $x \in \bar{M}$ heiße ein Randpunkt im weiteren Sinne von $M$, wenn eine Abbildung $\tau: T \to \overline{M}$ mit $x \in \tau(T_o)$ und den Eigenschaften 3.2,(1)-(4) existiert (mit der neuen Bedeutung von $H^n$, $T_+$ und $T_o$). Die Menge aller Randpunkte i.w.S. von $M$ heiße der Rand i.w.S. von $M$; wir bezeichnen ihn mit $\varepsilon M$. (Ist $x = \tau(t)$ mit $t_i = o$ für alle $i$, so heiße $x$ ein "Eckpunkt" von $M$; ist genau ein $t_i > o$, so heiße $x$ ein "Kantenpunkt" von $M$; usw.)

Es ist $\partial M \subset \varepsilon M$ und $\partial M$ offen in $\varepsilon M$. Wir setzen $\overline{M} := M \cup \varepsilon M$; dann ist $\hat{M} \subset \overline{M}$, $\hat{M}$ offen in $\overline{M}$ und $\overline{M}$ offen in $\bar{M}$.

Eine Karte bzw. ein Atlas von $\overline{M}$ wird analog definiert wie eine Karte bzw. ein Atlas von $\hat{M}$ in 3.5.

Im Beispiel von 22.1 ist $\varepsilon D_j$ die Vereinigung der drei Seiten von $D_j$, einschließlich der Ecken von $D_j$; es ist also $\overline{D}_j = \bar{D}_j$ (hingegen ist $\partial D_j$ die Vereinigung der Seiten von $D_j$ ohne die Ecken, also $\overline{D}_j$ gleich $\bar{D}_j$, vermindert um die Ecken).

Mit $\overline{M}$ statt $\hat{M}$ gelten unverändert die Paragraphen

4 - 6, 8, 10, 13 - 17 und 20.

Speziell gilt also das folgende

KOROLLAR ZUM STOKESSCHEN SATZ. *Es sei* $(M,\sigma)$ *eine orientierte* n-*Mannigfaltigkeit im* $E^m$. *Auf* $M$ *sei eine stetig differenzierbare* (n-1)-*Form* $\omega$ *mit kompaktem Träger* $\mathrm{Tr}\,\omega \subset \overline{M}$ *definiert. Dann ist*

$$\int_{(M,\mathfrak{O})} d\omega = \int_{(\partial M,\partial\mathfrak{O})} \omega .$$

Im Beispiel von 22.1 gilt daher (2) wegen $\overset{\frown}{\overline{D}}_j = \overline{D}_j$ und somit (1), wie behauptet wurde.

## § 23. Nichtorientierbare Mannigfaltigkeiten

**23.1** Die einfachste nichtorientierbare n-Mannigfaltigkeit in einem $E^m$ ist das *Möbiussche Band* im $E^3$. Eine solche Fläche B entsteht, anschaulich beschrieben, aus einem langen rechteckigen Papierstreifen mit den fortlaufend numerierten Ecken 1,2,3,4, indem man unter Drillung des Streifens um seine Längsachse um $180^o$ die kurzen Seiten so aneinanderheftet, daß die Ecken 1 und 3, sowie 2 und 4 zusammenfallen. - Konkret kann man ein solches Band B folgendermaßen gewinnen.

Im $E^2$ sei K die offene Kreisscheibe der $x_1x_3$-Ebene mit dem Mittelpunkt (1,o,o) und dem Durchmesser $D = ](\frac{1}{2},o,o,),(\frac{3}{2},o,o)[$. K führe die folgende doppelte Rotation aus. Erstens rotiere K um die $x_3$-Achse mit der konstanten Winkelgeschwindigkeit 2; zweitens rotiere K gleichzeitig um seinen Mittelpunkt mit der konstanten Winkelgeschwindigkeit 1. (Nach einem Umlauf um die $x_3$-Achse, also in der Zeit $\pi$, kehrt K zwar in seine Ausgangslage zurück, jedoch gedreht um den Winkel $\pi$.) Der Durchmesser D mache beide Rotationen mit. Die von ihm überstrichene Punktmenge heiße B.

Die Menge B hat folgende Parameterdarstellung $\tau$:

$$\begin{aligned} x_1 &= (\cos 2t_1)(1 + t_2 \cos t_1) \\ x_2 &= (\sin 2t_1)(1 + t_2 \cos t_1) \\ x_3 &= \phantom{(\sin 2t_1)(1 + {}} t_2 \sin t_1 \end{aligned} \qquad \begin{aligned} -\infty &< t_1 < \infty \\ -\tfrac{1}{2} &< t_2 < \tfrac{1}{2} \end{aligned}$$

Die Restriktionen $\tau^1$ und $\tau^2$ von $\tau$ auf die offenen Rechtecke aller

$t = (t_1,t_2)$ mit $o < t_1 < 2\pi$ bzw. $\pi < t_1 < 3\pi$ und $-\frac{1}{2} < t_2 < \frac{1}{2}$ bilden einen Atlas von B. Orientierbar ist B nicht. Denn eine Orientierung $\mathfrak{O}$ von B würde ein stetiges Feld $\mathfrak{n}$ von Normaleneinheitsvektoren auf B liefern nach dem Kriterium in 8.2, Aufgabe. Läßt man, bei $x^o = (1,o,o)$ beginnend, einen Punkt x den Einheitskreis der $x_1x_2$-Ebene durchlaufen, so dreht sich der Vektor $\mathfrak{n}(x)$ bis zur Rückkehr nach $x^o$ um $\pi$ (nicht um $2\pi$); er geht also nicht wieder in $\mathfrak{n}(x^o)$ über, sondern in $-\mathfrak{n}(x^o)$. Dies ist ein Widerspruch zur Eindeutigkeit von $\mathfrak{n}$.

**23.2** Das Möbiussche Band ist keine geschlossene Fläche. Geschlossene, nichtorientierbare Flächen existieren im $E^3$ nicht. (Denn nach einer Verallgemeinerung des bekannten Jordanschen Kurvensatzes auf geschlossene Flächen im $E^3$ existiert zu jeder solchen Fläche F eine beschränkte, offene Menge G des $E^3$ derart, daß $F = \partial G$ ist. Mit G ist dann auch F orientierbar nach 9.1.) Wohl aber können wir im $E^4$ eine nichtorientierbare, geschlossene Fläche angeben. Dies soll jetzt geschehen.

Es sei $\alpha$ die folgende Abbildung des $E^3$ in den $E^4$:

$$(x_1,x_2,x_3) \mapsto (x_1^2-x_2^2,\ x_1x_2,\ x_1x_3,\ x_2x_3).$$

Ist x ein Punkt der $x_3$-Achse des $E^3$, so ist $\alpha(x)$ der Ursprung des $E^4$; ist x ein nicht auf der $x_3$-Achse liegender Punkt des $E^3$, so ist $\alpha(x) = \alpha(\bar{x})$ genau dann, wenn $x = \bar{x}$ oder x das Spiegelbild $\sigma(\bar{x})$ von $\bar{x}$ am Ursprung ist. Die Jacobische Matrix von $\alpha$ hat in jedem nicht auf der $x_3$-Achse liegenden Punkt x des $E^3$ den Maximalrang 3; in jedem auf der $x_3$-Achse liegenden Punkt, verschieden vom Ursprung, hat die um die letzte Zeile verminderte Matrix wieder den Maximalrang 2.

Aus diesen Eigenschaften von $\alpha$ folgt: 1) die 2-Sphäre $S = S^2$ des $E^3$ wird durch $\alpha$ so in den $E^4$ abgebildet, daß zwei verschiedene Punkte x und $\bar{x}$ von S genau dann auf denselben Punkt im $E^4$ abgebildet werden, wenn $x = \sigma(\bar{x})$ ist; 2) sind $\tau^j\colon T^j \to S$ $(j=1,2,3)$ drei Karten von S derart, daß $\tau^j(T^j)$ die Halbsphäre $\{x \in S\colon x_j > o\}$ ist, so genügen die drei Abbildungen $(\alpha \circ \tau^j) : T^j \to \alpha(S)$ den Bedingungen

1.1,(1)-(4) und es ist $\bigcup(\alpha \circ \tau^j)(T^j) = \alpha(S)$. Also ist $F := \alpha(S)$ eine geschlossene Fläche im $E^4$.

Angenommen, F besäße eine Orientierung $\mathcal{O}$. Dieses $\mathcal{O}$ induziert eine Orientierung $\mathcal{O}_S$ von S mit $\sigma(\mathcal{O}_S) = \mathcal{O}_S$; denn sei $\mathfrak{A}_S$ die Menge aller Karten $\tau: T \to S$ von S, für welche $(\alpha \circ \tau) : T \to F$ eine in $\mathcal{O}_F$ liegende Karte von F ist; dann ist $\mathfrak{A}_S$ ein einheitlicher Atlas von S mit $\sigma(\mathfrak{A}_S) = \mathfrak{A}_S$; für die $\mathfrak{A}_S$ enthaltende Orientierung $\mathcal{O}_S$ von S ist dann $\sigma(\mathcal{O}_S) = \mathcal{O}_S$, weil anderenfalls $\sigma(\mathcal{O}_S) = -\mathcal{O}_S$, also $\sigma(\mathfrak{A}_S) \subset -\mathcal{O}_S$ und daher $\mathfrak{A}_S \subset -\mathcal{O}_S$ wäre. Die Gleichung $\sigma(\mathcal{O}_S) = \mathcal{O}_S$ ist aber für die 2-Sphäre S falsch, weil $\sigma$ die beiden Orientierungen von S vertauscht. Also ist F nicht orientierbar.

Übrigens ist von Interesse, daß F ein *Modell der reellen, projektiven Ebene* ist. Dies geht daraus hervor, daß diese Ebene aus $S = S^2$ durch Identifikation antipodischer Punkte gewonnen werden kann.

*Aufgabe.*

Ist $\alpha$ die Abbildung

$$(x_1,\dots,x_n,x_{n+1}) \mapsto$$
$$(x_1^2-x_2^2,\dots,x_1^2-x_n^2,x_2^2-x_3^2,\dots,x_2^2-x_n^2,\dots,x_{n-1}^2-x_n^2,$$
$$,x_1x_2,\dots,x_1x_{n+1},x_2x_3,\dots,x_2x_{n+1},\dots,x_nx_{n+1})$$

des $E^{n+1}$ in den $E^{n^2}$ und $S = S^n$ die n-Sphäre im $E^{n+1}$, so ist $P^n := \alpha(S)$ eine geschlossene n-Mannigfaltigkeit im $E^{n^2}$. Ist nun n gerade, so ist $P^n$ nicht orientierbar.

(Ist n hingegen ungerade, so ist $P^n$ orientierbar. Denn sei $\mathcal{O}_S$ eine der beiden Orientierungen von S. Dann ist $\sigma(\mathcal{O}_S) = \mathcal{O}_S$, weil n ungerade ist. Sei weiter $\mathfrak{A}_S$ der (einheitliche) Atlas von S, bestehend aus allen Karten $\tau: T \to S$ aus $\mathcal{O}_S$, für welche der Durchmesser von $\tau(T)$ kleiner als 1 ist. Dann ist die Menge $\mathfrak{A}$ aller Abbildungen $\alpha \circ \tau$ mit $\tau \in \mathfrak{A}_S$ ein einheitlicher Atlas von $P^n$.)

$P^n$ ist ein Modell des reellen,n-dimensionalen,projektiven Raumes [36).]

# § 24. Zerlegung der Eins

LEMMA. *Es seien* K *eine kompakte Menge des* $E^m$ *und* $(V_1,\dots,V_r)$ *eine endliche, offene Überdeckung von* K. *Dann existieren* $C^\infty$*-Funktionen*[37] $\varepsilon_i\colon E^m \to [o,1]$ $(i = 1,\dots,r)$ *mit kompakten Trägern* $\operatorname{Tr}\varepsilon_i$ *derart, daß*

$$\operatorname{Tr}\varepsilon_i \subset V_i \text{ für } i=1,\dots,r \text{ und } \sum_{i=1}^{r} \varepsilon_i(x) = 1 \text{ für alle } x \in K.$$

Man nennt ein derartiges Funktionensystem $(\varepsilon_1,\dots,\varepsilon_r)$ eine der Überdeckung $(V_1,\dots,V_r)$ von K untergeordnete *Zerlegung der Eins.*

BEWEIS. Wir überdecken K durch endlich viele achsenparallele, offene Würfel $W_1,\dots,W_s$ derart, daß zu jedem j ein i und zu jedem i ein j existiert mit $\overline{W_j} \subset V_i$. Für jedes j wählen wir zwei achsenparallele, offene Würfel $W_j'$ und $W_j''$ derart, daß $\overline{W_j} \subset W_j'$ und $\overline{W_j'} \subset W_j''$ gilt, sowie weiter $\overline{W_j''} \subset V_i$ für jedes $i=1,\dots,r$ mit $\overline{W_j} \subset V_i$. Wir setzen $\bigcup W_j =: W$, $\bigcup W_j' =: W'$ und $\bigcup W_j'' =: W''$. Weiter wählen wir für jedes $j=1,\dots,s$ drei $C^\infty$-Funktionen $\delta_j$, $\delta_j'$, $\delta_j''\colon E^m \to [o,1]$ mit folgenden Eigenschaften:

$$\delta_j(x) > o \Leftrightarrow x \in E^m \setminus \overline{W_j};\ \delta_j'(x) > o \Leftrightarrow x \in W_j';\ \delta_j''(x) > o \Leftrightarrow x \in W_j''.$$

(Derartige Funktionen lassen sich leicht konstruieren mittels der $C^\infty$-Funktion $\alpha\colon \mathbb{R} \to \mathbb{R}$, definiert durch $\alpha(s) := \exp(-s^{-2})$ für $s > o$ und $\alpha(s) := o$ für $s \le o$.) Die Funktionen

$$\delta := \prod \delta_j,\quad \delta' := \sum \delta_j',\quad \delta'' := \sum \delta_j''\colon E^m \to \mathbb{R}$$

haben die Eigenschaften:

$$\delta(x) > o \Leftrightarrow x \in E^m \setminus \overline{W};\ \delta'(x) > o \Leftrightarrow x \in W';\ \delta''(x) > o \Leftrightarrow x \in W''.$$

Für die Funktion $\varepsilon' := \delta'/(\delta+\delta')$ gilt:

$$\varepsilon'(x) = 1 \text{ für alle } x \in W;\quad \varepsilon'(x) = o \text{ für alle } x \in E^m \setminus W'.$$

Für beliebiges $i=1,\dots,r$ seien nun $W_{j_1}'',\dots,W_{j_t}''$ die Würfel $W_j''$ mit $\overline{W_j''} \subset V_i$. Setzen wir $\delta_{j_1}'' + \dots + \delta_{j_t}'' =: \eta_i''$, so gilt:

$$\eta_i''(x) > 0 \Leftrightarrow x \in W''_{j_1} \cup \ldots \cup W''_{j_t}.$$

Hieraus folgt:

$$\eta_1''(x) + \ldots + \eta_r''(x) > 0 \Leftrightarrow x \in W''.$$

Schließlich definieren wir für i=1,...,r

$$\varepsilon_i(x) := \begin{cases} \dfrac{\eta_i''(x)}{\eta_1''(x)+\ldots+\eta_r''(x)} \cdot \varepsilon'(x) \text{ für } x \in W'' \\ 0 \text{ für } x \in E^m \setminus W'' \end{cases}$$

Diese Funktionen $\varepsilon_1, \ldots, \varepsilon_r$ leisten das Verlangte. (Die Differenzierbarkeit von $\varepsilon_i$ auf $\overline{W''} \setminus W''$ ist durch den Faktor $\varepsilon'$ gesichert.)

# Anmerkungen

1) Ein m-dimensionaler, euklidischer Raum $E^m$ kann definiert werden als ein metrischer Raum - der Abstand zweier Punkte $x,x'$ sei mit $\delta(x,x')$ bezeichnet -, zu dem eine Bijektion $\beta: \mathbb{R}^m \to E^m$ des Raumes $\mathbb{R}^m$ aller m-Tupel $(x_1,\ldots,x_m)$ reeller Zahlen auf den $E^m$ derart existiert, daß für $x = \beta(x_1,\ldots,x_m)$ und $x' = \beta(x_1',\ldots,x_m')$ gilt $\delta(x,x') = \sqrt{\sum_{\mu=1}^{m}(x_\mu - x_\mu')^2}$. Jede derartige Bijektion $\beta$ heiße ein cartesisches Koordinatensystem des $E^m$. Eine zweite Bijektion $\dot{\beta}: \mathbb{R}^m \to E^m$ ist ein cartesisches Koordinatensystem des $E^m$ genau dann, wenn eine orthogonale Abbildung $\alpha: \mathbb{R}^m \to \mathbb{R}^m$ des $\mathbb{R}^m$ auf sich derart existiert, daß $\dot{\beta} = \beta \circ \alpha$ ist. $\alpha$ heiße eine Koordinatentransformation im $E^m$. - Bei vorliegendem festem Koordinatensystem $\beta$ sprechen wir wie üblich vom Punkt $x = (x_1,\ldots,x_m)$ oder vom Punkt $(x_1,\ldots,x_m)$ des $E^m$ statt vom Punkt $\beta(x_1,\ldots,x_m)$. Dies ist nur eine Redeweise; sie bedeutet nicht, daß wir den Punkt $x \in E^m$ mit dem m-Tupel $(x_1,\ldots,x_m) \in \mathbb{R}^m$ gleichsetzen! - Das cartesische Produkt $E^n \times E^{m-n}$ eines $E^n$ (seine Metrik heiße $\delta_1$) und eines $E^{m-n}$ (seine Metrik heiße $\delta_2$) ist ein $E^m$ (mit der Metrik $\delta := \sqrt{\delta_1^2+\delta_2^2}$); die Räume $E^n$ und $E^{m-n}$ heißen die Faktorräume des Raumes $E^m$.

2) Eine reelle Funktion f, definiert auf einer Menge $A \subset \mathbb{R}^n$, heißt eine $C^o$-Funktion, wenn sie stetig ist. Sie heißt eine $C^h$-Funktion (h=1,2), wenn sie stetig differenzierbar bzw. 2-mal stetig differenzierbar ist, d.h. wenn alle n bzw. $n^2$ partiellen Ableitungen von f auf A existieren und stetig sind. Eine Abbildung $\varphi: A \to E^m$ heißt eine $C^h$-Abbildung, oder stetig bzw. stetig differenzierbar bzw. 2-mal stetig differenzierbar, wenn ihre Komponen-

ten $\varphi_1,\ldots,\varphi_m$ $C^h$-Funktionen sind (h=o,1,2). Die Komponenten $\varphi_\mu$ von $\varphi$ sind folgendermaßen definiert: ist $\pi_\mu$ die Funktion $E^m \to \mathbb{R}$, die jedem Punkt x von $E^m$ seine $\mu$-te Koordinate $x_\mu$ zuordnet, so ist $\varphi_\mu := \pi_\mu \circ \varphi$. - Übrigens gelten Kapitel I, sowie die Paragraphen 14, 19 und 20 auch mit $C^1$ statt $C^2$. Nur weil dies für Kapitel II nicht der Fall ist (vgl. [23]), arbeiten wir der Einheitlichkeit wegen von vornherein mit $C^2$.

3) Das Summationszeichen mit den Ungleichungen darunter bedeutet, daß summiert wird über die $\binom{m}{n}$-elementige Menge der n-Tupel $(\mu_1,\ldots,\mu_n)$ ganzer Zahlen $\mu_k$ mit $1 \leq \mu_1 <\ldots< \mu_n \leq m$.

4) Ist A eine Punktmenge eines metrischen Raumes E (z.B. eines euklidischen Raumes) und B eine Teilmenge von A, so heißt B offen in A, wenn zu jedem Punkt y von B ein $r > o$ derart existiert, daß alle Punkte aus A mit Abständen $< r$ von y in B liegen. (Dies ist genau dann der Fall, wenn eine offene Menge G des Raumes E existiert mit $A \cap G = B$.) Ist $x \in B \subset A$ und B offen in A, so heißt B eine in A offene Umgebung von x. Sind E und E' zwei metrische Räume, A und A' Teilmengen von E und E', so heißt eine Bijektion $\rho$ von A auf A' ein Homöomorphismus von A auf A', wenn $\rho$ und $\rho^{-1}$ stetig sind.

5) In der Literatur wird vielfach mit der Umkehrung $\tau^{-1}: W \to T$ von $\tau$ statt mit $\tau$ gearbeitet.

6) Eine Punktmenge M des $E^m$ heißt isoliert, wenn zu jedem Punkt x von M eine offene Menge G des $E^m$ mit $G \cap M = \{x\}$ existiert, also wenn kein Punkt x von M Häufungspunkt von M ist.

7) Eine n-Mannigfaltigkeit im $E^m$ ist zusammenhängend genau dann, wenn sie nicht die Vereinigung zweier fremder n-Mannigfaltigkeiten $M^o$ und $M^1$ ist. Hiermit ist äquivalent, daß je zwei Punkte $x^o$ und $x^1$ von M durch einen Weg $\subset$ M verbunden werden können (d.h. daß zu je zwei Punkten $x^o$ und $x^1$ von M eine stetige Abbildung $w: [o,1] \to M$ existiert mit $w(o) = x^o$ und $w(1) = x^1$).

8) Eine Abbildung $\rho: U \to V$ einer Menge $U \subset \mathbb{R}^n$ auf eine Menge $V \subset \mathbb{R}^n$, beide offen in $\mathbb{R}^n$, heißt ein $C^2$-Diffeomorphismus, wenn $\rho$ bijektiv und sowohl $\rho$ als auch $\rho^{-1}$ eine $C^2$-Abbildung ist. (Es ist dann $1 = \det D(\rho^{-1} \circ \rho)(t) = \det D\rho^{-1}(\rho(t)) \cdot \det D\rho(t)$, also $\det D\rho \neq 0$.)

9) Der Lindelöfsche Überdeckungssatz lautet: Es sei M eine beliebige Punktmenge des $E^m$ und $\{G^i\}_{i \in I}$ eine offene Überdeckung von M; dann existiert in I eine Folge $(i_1, i_2, \ldots)$ derart, daß bereits $(G^{i_1}, G^{i_2}, \ldots)$ eine Überdeckung von M ist. Beweis: Es sei nämlich $(W^1, W^2, \ldots)$ die zu einer Folge angeordnete Menge aller in mindestens einem $G^i$ enthaltenen, achsenparallelen Würfel des $E^m$, deren Mittelpunkte nur rationale Koordinaten haben und deren Kantenlängen ebenfalls rational sind. Jedes $G^i$ ist die Vereinigung von solchen Würfeln. Also überdecken die $W^j$ die Menge M. Für jedes natürliche j wählen wir ein $i_j \in I$ mit $W^j \subset G^{i_j}$. Dann ist $(G^{i_1}, G^{i_2}, \ldots)$ eine Überdeckung von M.

10) Natürlich hat die Restriktion $f_o$ nichts zu tun mit den Komponenten $f_1, \ldots, f_m$, falls f eine Abbildung in den $E^m$ ist.

11) $J_o$ ist natürlich nicht die Restriktion von J auf $T_o$.

12) Die Komposition von Abbildungen hat den maximal sinnvollen Definitionsbereich. Seien also $f_k: A_k \to B_k$ $(k=1,\ldots,l)$ irgendwelche Abbildungen. Ist dann $A_o$ die Menge aller $a \in A_1$ mit

$$f_1(a) \in B_1 \cap A_2,\ f_2(f_1(a)) \in B_2 \cap A_3,\ \ldots ,$$

$$f_{l-1}(\ldots(f_2(f_1(a)))\ldots) \in B_{l-1} \cap A_l,$$

so ist $f_l \circ \ldots \circ f_1$ die Abbildung $A_o \to B_l$, definiert durch $a \mapsto f_l(\ldots(f_2(f_1(a)))\ldots)$. Ist $A_o$ leer, so ist diese Abbildung leer.

13) j ist natürlich Index, nicht Exponent. - Wegen $x^j \in M$ und $x^o \in \widehat{M}$ können wir die Vektoren in $x^o$ mit den Koordinaten $c^j \cdot (x^j_\mu - x^o_\mu)$ Sekantenvektoren an M in $x^o$ nennen. Die Folge dieser Sekanten-

vektoren konvergiert also gegen den Tangentenvektor v.

14) Für jedes $i=1,\ldots,n$ ist also $D_i\tau(t^o)$ ein Tangentenvektor an M in $x^o$ (und zwar ist er der Tangentenvektor in $x^o$ an die i-te Parameterlinie durch $x^o$).

15) In der Linearen Algebra bezeichnet man die beiden Äquivalenzklassen von $\mathfrak{V}$ als die beiden Orientierungen von $\mathfrak{V}$. Nach dem Bewiesenen entspricht also der Orientierung $\mathfrak{O}$ von M in jedem Punkt x von M eine Orientierung $\mathfrak{O}_x$ von $\mathfrak{T}_x M$. Dieses $\mathfrak{O}_x$ hängt von x stetig ab. Ist umgekehrt für jeden Punkt x einer n-Mannigfaltigkeit M in $\mathfrak{T}_x M$ eine Orientierung $\mathfrak{O}_x$ definiert, die von x stetig abhängt, so ist M orientierbar und es existiert genau eine Orientierung $\mathfrak{O}$ von M, die in jedem Punkt x von M die gegebene Orientierung $\mathfrak{O}_x$ im obigen Sinne liefert. In der Literatur wird vielfach eine Orientierung $\mathfrak{O}_x$ der Tangentialräume $\mathfrak{T}_x M$ von M, die von x stetig abhängt, eine Orientierung $\mathfrak{O}$ von M genannt. Diese Definition ist mit der unsrigen äquivalent. (Wir ziehen die letztere vor, weil sie sich unmittelbar an den dem Mannigfaltigkeitsbegriff zugrundeliegenden Kartenbegriff anschließt und nicht den abgeleiteten Begriff der Tangentialräume verwendet.)

16) $\mathfrak{S}_n$ ist die Gruppe aller Permutationen $\pi$ einer n-elementigen Menge. Wir schreiben $\pi(1,\ldots,n) =: (\pi 1,\ldots,\pi p)$.

17) Ein spitzes Dach über einem Zeichen bedeutet, daß dieses Zeichen weggelassen werden soll. Beispielsweise also $(\hat{1},\ldots,n+1) := (2,\ldots,n+1)$; $(1,\hat{2},\ldots,n+1) := (1,3,\ldots,n+1)$.

18) Unsere Definition von $\partial\mathfrak{O}$ steht im Einklang mit der in der algebraischen Topologie üblichen Randorientierung.

19) Zur Definition von $\mathfrak{S}_p$ vgl. [16]. - Die Forderung (2) ist äquivalent mit der Forderung, daß $\omega(v_1,\ldots,v_p)$ sich bei Vertauschung eines $v_\mu$ mit einem $v_{\bar{\mu}}$ $(\mu \neq \bar{\mu})$ mit -1 multipliziert.

20) Die Bezeichnung $dx_\mu$ für das Differential $d\pi_\mu = \omega_\mu$ ist u.a. dadurch gerechtfertigt, daß sie die Koordinatensubstitution als formale Kettenregel zu handhaben gestattet (vgl. 12.6).

21) Die übliche "Differentialrechnung" reeller Funktionen ist eigentlich eine "Ableitungsrechnung". Demgegenüber besteht der Name "Differentialrechnung" der p-Formen zu Recht.

22) Der Gradient einer $C^1$-Funktion f auf einer offenen Menge G des $E^n$ ist das stetige Vektorfeld grad $f := (D_1f,\dots,D_nf)$ auf G. Die Divergenz eines $C^1$-Vektorfeldes $\psi$ auf G ist die stetige Funktion div $\psi := D_1\psi_1 +\dots+ D_n\psi_n$ auf G. Im Fall $n = 3$ ist die Rotation eines $C^1$-Vektorfeldes $\varphi = (\varphi_1,\varphi_2,\varphi_3)$ auf G das stetige Vektorfeld rot $\varphi = (\mathrm{rot}_1\varphi, \mathrm{rot}_2\varphi, \mathrm{rot}_3\varphi) :=$ $D_2\varphi_3-D_3\varphi_2, D_3\varphi_1-D_1\varphi_3, D_1\varphi_2-D_2\varphi_1)$ auf G. - Ein n-Tupel $\psi = (\psi_1,\dots,\psi_n)$ von $C^1$-Funktionen (stetigen Funktionen) auf G heißt ein $C^1$-Vektorfeld (stetiges Vektorfeld) auf G, wenn das n-Tupel $\psi(x) = (\psi_1(x),\dots,\psi_n(x))$ für jedes $x \in G$ als Vektor in x betrachtet wird (vgl. 6.1).

23) Hier wird wesentlich davon Gebrauch gemacht, daß $\varphi$ eine $C^2$-Abbildung ist.

24) Wir setzen $\tilde{\tau}(\tilde{T}) \subset \tau(T)$ nur voraus, um die Verträglichkeit in der einfachen Fassung (4) formulieren zu können.

25) Man beachte, daß (auch im Fall p = o) die p-Form $\omega$ nur auf U definiert ist, sie also nicht auf einer im $E^m$ offenen Menge $G \supset U$ definiert zu sein braucht.

26) Es seien U,V,W Teilmengen von Räumen $\mathbb{R}^1,\mathbb{R}^m,\mathbb{R}^n$, darin offen, oder Teilmengen von abgeschlossenen Halbräumen von $\mathbb{R}^1,\mathbb{R}^m,\mathbb{R}^n$, darin offen. Weiter seien $f: U \to V$ und $g: V \to W$ stetig differenzierbare Abbildungen. Schließlich sei $u^o$ ein Punkt von U und $v^o := f(u^o) \in V$. Für $h := g \circ f$ ist dann $dh_{u^o} = dg_{v^o} \circ df_{u^o}$ (also kurz: $d(g \circ f) = dg \circ df$). Dies ergibt sich, indem man die li-

nearen Abbildungen $df_{u_0}$ und $dg_{v_0}$ hintereinanderschaltet und die die Kettenregel anwendet.

27) Vgl. z.B. S.Lang, Analysis I, Reading (Mass.), 1968, S. 421.- Ist $T_o = \emptyset$, also $T \subset H^n_+$, so ergibt Theorem 8, l.c., die Behauptung unmittelbar; ist hingegen $T_o \neq \emptyset$, so wende man Theorem 8 für $\varepsilon > o$ an auf die Restriktion von f auf $\{t \in T;\ t_n > \varepsilon\}$ und gehe zur Grenze $\varepsilon \to o$ über.

28) Dieser Transformationssatz zeigt, ebenso wie später der Stokessche Integralsatz, wie außerordentlich zweckmäßig die Begriffe und Bezeichnungen des Kalküls der alternierenden Differentialformen sind.

29) Hier und im folgenden heben wir unter den Integralzeichen die gegebene Orientierung $\mathcal{O}$ der vorliegenden Mannigfaltigkeit und die dadurch induzierte Orientierung $\partial\mathcal{O}$ des Randes nicht mehr besonders hervor. Außerdem erinnern wir an unsere Verabredung, eine offene Menge eines euklidischen Raumes stets als mit der positiven Orientierung versehen anzunehmen und ihren Rand als mit der dadurch induzierten Orientierung.

30) Wir machen in 20.1-3 nur von folgenden Eigenschaften von X Gebrauch: X ist ein metrischer, separabler, lokal kompakter Raum. (Ein metrischer Raum X heißt separabel, wenn eine abzählbare Punktmenge $A \subset X$ existiert, die in X dicht liegt: $\overline{A} = X$; der Raum X heißt lokal kompakt, wenn jeder Punkt x von X eine Umgebung U mit kompaktem Abschluß $\overline{U}$ besitzt.) $\mu$ kann ein beliebiges positives, Radonsches Maß auf X sein, d.h. eine lineare Abbildung von $\mathcal{K}$ nach $\mathbb{R}$ mit $\mu(f) \geq o$ für $f \geq o$.

31) Eine Funktion $f\colon X \to \mathbb{R}$ heißt nach unten halbstetig, wenn für jedes $\alpha \in \mathbb{R}$ die Menge aller Punkte $x \in X$ mit $\alpha < f(x)$ offen ist.

32) Ein System $\mathfrak{b}$ von Punktmengen eines metrischen Raumes X heißt eine $\sigma$-Algebra in X, wenn für jede Menge A aus $\mathfrak{b}$ auch das Kom-

plement $X \setminus A$ in $\mathfrak{B}$ liegt und für je endlich oder abzählbar unendlich viele Mengen $A_i$ aus $\mathfrak{B}$ auch die Vereinigung $\bigcup A_i$ in $\mathfrak{B}$ liegt. Der Durchschnitt beliebig vieler $\sigma$-Algebren in X ist wieder eine $\sigma$-Algebra in X. Daher existiert die kleinste $\sigma$-Algebra in X, welche alle offenen Mengen von X enthält. Die Mengen B dieser $\sigma$-Algebra in X heißen Borelsche Mengen.

33) Eigentlich dürfen wir zunächst nur $\int_{\hat{M}}$ statt $\int_M$ schreiben. Da jedoch $\hat{M} = M \cup \partial M$ und $\partial M$ nach 20.3,(3) eine $\sigma^n$-Nullmenge ist, ist die verabredete Schreibweise $\int_M$ statt $\int_{\hat{M}}$ unbedenklich.

34) Der erste Teil ("notwendig") stammt im wesentlichen von N.Lusin (C.R. 154 (1912), S. 1688-1690). Merkwürdigerweise ist das Kriterium wenig bekannt.

35) Allgemeiner ist $\chi^n(A)$ gleich dem äußeren $\sigma^n$-Maß von A für jede Menge $A \subset M$ (vgl. 20.2).

36) Unsere Ergebnisse stehen im Einklang damit, daß der reelle, n-dimensionale, projektive Raum für ungerades n orientierbar ist, für gerades n hingegen nicht.

37) Eine Funktion $\varepsilon$: $E^m \to \mathbb{R}$ heißt eine $C^\infty$-Funktion, wenn alle partiellen Ableitungen aller Ordnungen von $\varepsilon$ existieren. - Untere Indizes an den Buchstaben $\varepsilon$, $\delta$, $\eta$ bedeuten hier nicht die Komponenten von $\varepsilon$, $\delta$, $\eta$, sondern sind bloße Nummern.

# Sachverzeichnis


σ-Algebra 112
alternierend 45, 46, 51
Atlas 11, 21, 61
-, einheitlicher - 31
-, vollständiger - 64

Borelsche Mengen 92, 113

cartesischer Raum $\mathbb{R}^m$ 107
Cauchyscher Integralsatz 90
$C^2$-Abbildung 42, 107
$C^2$-Diffeomorphismus 43, 109
$C^h$-Funktion 107, 113

Differential 52, 55, 66, 71
-form 53

euklidisch
-er Raum $E^m$ 107
-e Struktur 10

Faktorräume 107
Fläche 12
p-Form 51, 61
-, stetige - 54, 65
-, stetig differenzierbare - 54, 65
Funktionalmatrix 10

Gaußscher Satz 88
geschlossen 12
glatt 10
Grad einer Multilinearform 45
Gramsche Determinante 26
Graph einer Funktion 15
Grassmann-Produkt 47

Halbraum $H^n$ 18
halbstetig 112
Hauptsatz der D&I-Rechnung 87
Homöomorphismus 108
Hyperfläche 12

Integral
-, Riemannsches - 76
-, Lebesguesches - 93
-, einer n-Form 81
-, Linien - 78
-, Flächen - 78
isolierte Punktmenge 108

Jacobische Funktion J 10

Karte 11, 21, 61
-nwechsel 23
-, verträgliche -n 64
Kettenregel 59, 111
Konvergenzsatz von Lebesgue 92
Koordinaten
-, cartesische - 107
-, lokale - 11

Koordinatentransformation 107
Kreis 13
Kurve 11

Lindelöfscher Überdeckungssatz 109
Linearform 45
Linienintegral 78
Lusin-Kriterium 95

Mannigfaltigkeit 11
-, geschlossene - 12
Maß 80, 88
-, Hausdorffsches - 97
-, Lebesguesches - 93
-, Minkowskisches - 98
-, Radonsches - 112
Möbiussches Band 101

Normaldarstellung 52, 64
Nullmenge 16, 93, 97

offen 108
orientierbar 31, 38, 69
Orientierung 31, 66, 110
-, induzierte - 39

Parameter
- Raum $\mathbb{R}^n$ 9
-, lokale - 11
Pfaffsche Form 53
Produktregel für d 56

Rand $\partial M$ 18
-punkt 18, 100
regulär 10, 93
Restriktion 62, 72, 82
Riemann-Integral 76
Ring 13

Schwarzsche Gleichung 56, 66
Sekantenvektor 109
Sphäre 13, 40
Stellungscosinus 36, 74, 83
Stokesscher Satz 84, 87

Tangentenvektor 29
Tangentialraum $\mathcal{T}_x M$ 29
Torus 33
Träger Tr 52, 62
Transformationssatz 79, 82

Variablensubstitution 57
Vektorraum $\mathcal{V}_x = \mathcal{V}_x E^m$ 28
verträglich 31, 64
Volumen 27, 80, 88
-form 62, 67, 82

Zerlegung der Eins 77, 104
Zurückholen 58, 63, 71
zusammenhängend 108

# Symbolverzeichnis


$A_o$, $A_+$, 18

$C^1$, 54, 65

$C^h$ (h=1,2), 42, 107, 113

$C^\infty$, 113

div, 57, 88, 111

$dx_\mu$, 52

$d\omega$, 55, 66

$E^m$, 107

$f_o$, $f_+$, 18

grad, 57, 111

$H^n$, 18

J, 10

$\mathfrak{K}$, $\mathfrak{K}(\widehat{M})$, 75

$\widehat{M}$, 21

$\partial M$, 18

$\mathfrak{n}(x)$, 37

$\mathfrak{O}$, 31

$\mathfrak{O}_o$, 38

$\mathbb{R}^n$, 9

$\mathbb{R}^n_o$, $\mathbb{R}^n_+$, 18

rot, 57, 87, 111

$\mathfrak{r}_n$, 110

$\mathfrak{t}(x)$, 37

$\mathfrak{T}_x M$, 29

Tr, 52, 62

$\mathfrak{V}$, $\mathfrak{V}^p$, 45

$\mathfrak{V}_x = \mathfrak{V}_x E^m$, 28, 51

$\wedge$, $\widehat{\ }$, 46, 110 (verschiedene Bedeutungen)

$\chi^n$, 96

$\mu^n$, $\sigma^n$, 98

$\omega_\mu$, $\omega_{\mu_1,\dots,\mu_p}$, 46

$\Omega^p$, 46

$\Omega^o$, 50

$\Omega^o(U)$, $\Omega^p(U)$, 51

# Literatur


Cartan,H.: *Differentialformen,* Mannheim-Wien-Zürich 1974.

Flanders,H.: *Differential Forms,* New York-London 1963.

Holmann,H. und H.Rummler: *Alternierende Differentialformen,* Mannheim-Wien-Zürich 1972.

Hu,S.T.: *Differential Manifolds,* New York 1969.

Kowalsky,H.-J.: *Vektoranalysis I* und *II,* Berlin-New York 1974/76.

Lang,S.: *Introduction to Differentiable Manifolds,* New York 1962.

Reiffen,H.-J. und H.W.Trapp: *Einführung in die Analysis III,* Mannheim-Wien-Zürich 1973.

Schreiber,M.: *Differential Forms,* Berlin-Heidelberg-New York 1977.

Spivak,B.: *Calculus on Manifolds,* New York-Amsterdam 1965.

Whitney,H.: *Geometric Integration Theory,* Princeton 1957.

Zeitfracht Medien GmbH
Ferdinand-Jühlke-Straße 7
99095 Erfurt, Deutschland
produktsicherheit@kolibri360.de